AF876220

Le Violon d'Einstein

Yann Verdo

Le Violon d'Einstein

Variations sur le temps, les quanta, l'infini

Odile Jacob

© Odile Jacob, octobre 2018
15, rue Soufflot, 75005 Paris

www.odilejacob.fr

ISBN : 978-2-7381-4573-4

Le Code de la propriété intellectuelle n'autorisant, aux termes de l'article L. 122-5, 2° et 3°a, d'une part, que les « copies ou reproductions strictement réservées à l'usage privé du copiste et non destinées à une utilisation collective » et, d'autre part, que les analyses et les courtes citations dans un but d'exemple et d'illustration, « toute représentation ou reproduction intégrale ou partielle faite sans le consentement de l'auteur ou de ses ayants droit ou ayants cause est illicite » (art. L. 122-4). Cette représentation ou reproduction, par quelque procédé que ce soit, constituerait donc une contrefaçon sanctionnée par les articles L. 335-2 et suivants du Code de la propriété intellectuelle.

À *mes filles, pour plus tard.*

Sol, ré, la, mi
Avant-propos

Commençons par une devinette : « Né en Allemagne au XIXe siècle, j'ai fait mes études à l'École polytechnique fédérale de Zurich. On s'accorde à dire que la théorie scientifique dont je suis l'auteur a marqué à tout jamais un *avant* et un *après* dans l'histoire de ma discipline. Lorsque je n'en peux plus de me battre contre les mathématiques, je me mets au violon, instrument dont, pour un amateur, et toute vanité mise à part, je joue fort convenablement. – Qui suis-je ? »

Avouez, cher lecteur, que la devinette est plutôt facile ! Il n'est pas exagéré d'affirmer que les travaux du mathématicien allemand Georg Cantor, puisque c'est bien de lui qu'il s'agit – comment cela, vous songiez à quelqu'un d'autre ? –, constituent une césure dans l'histoire des mathématiques. Plus de mille ans après avoir conquis le zéro grâce au génie d'un sage indien du VIIe siècle de notre ère appelé Brahmagupta, celles-ci avaient encore, avant de pouvoir prendre leur envol, à dompter l'infini. Ce fut l'œuvre de Cantor. Jusqu'à sa théorie des ensembles, il était impossible aux mathématiciens de manipuler autre chose que des objets finis. Après Cantor, qui était de santé mentale fragile et finit ses jours dans un hôpital psychiatrique, ils purent, selon la belle expression du poète anglais William Blake, « tenir l'infini dans la paume de [leur] main ».

La théorie des ensembles a été élaborée par Cantor à partir des années 1870. C'est à la fin de cette même décennie que naît, toujours en Allemagne, un autre futur violoniste amateur d'un genre un peu particulier, le plus glorieux des glorieux anciens élèves de l'École polytechnique fédérale de Zurich. Celui-là même dont le nom vous est un peu vite venu sur les lèvres il y a un instant : Albert Einstein. Entre deux coups d'archet, Cantor a démontré qu'il existe des infinis (mathématiques) plus « grands » que d'autres. Posant provisoirement son violon pour se saisir d'un porte-plume ou d'un bout de craie, Einstein démontre, quant à lui, qu'il n'existe pas de temps unique, le même pour tous, mais au contraire que tout objet matériel possède son temps propre.

L'infini, le temps – ce temps dont l'immémorial symbole, le sablier, évoque justement, avec ses deux ampoules de verre placées l'une au-dessus de l'autre, une version verticale de l'∞… Plus que leur commun passé zurichois ou même que leur amour partagé du violon, c'est bien de s'être enfoncés par la pensée dans ces deux concepts abyssaux, et d'en avoir rapporté de si troublantes découvertes, de si paradoxales vérités, qui lie à mes yeux le mathématicien et le physicien. Aussi seront-ils les deux principaux personnages de ce livre qui vous en fera croiser beaucoup d'autres. À commencer par celui qui est peut-être le plus étrange et le plus fascinant de tous, le logicien autrichien Kurt Gödel, sorte de trait d'union entre Cantor et Einstein puisqu'il a tout à la fois continué et prolongé les travaux de Cantor sur l'infini et ceux d'Einstein (qui allait devenir après l'Anschluss son compagnon d'exil et ami) sur le temps.

« L'expérience du mystérieux est la plus belle que l'on puisse faire. C'est l'émotion fondamentale au berceau de l'art vrai et de la vraie science », a écrit Einstein. C'est là la raison profonde, me semble-t-il, de l'extraordinaire aura dont jouit encore, à plus d'un siècle de distance, et bien au-delà du cercle étroit des physiciens de métier, l'auteur de la théorie de la relativité : s'initier à cette théorie, c'est s'initier du même coup à ce mystère, peut-être le plus impénétrable de tous, le temps. Cependant, l'apport d'Einstein à la physique théorique ne se résume pas au complet bouleversement que sa théorie maîtresse a opéré quant à ce concept. Comme toutes les montagnes, son œuvre gigantesque et majestueuse possède deux versants. Si la théorie de la relativité en forme l'adret, l'ubac en est la mécanique quantique, dont le savant à la langue tirée est, avec Max Planck et Niels Bohr, l'un des pères fondateurs – bien que, tout comme le Dr Frankenstein aux prises avec son golem, il se débattît ensuite, tout le reste de sa vie, contre cette monstrueuse idée des quanta. La question de la vitesse de la lumière a joué le premier rôle dans la genèse de la théorie de la relativité : celle de sa nature constituera l'élément déclencheur de la mécanique quantique, et nous verrons comment celle-ci a permis aux physiciens de faire… la lumière sur la trame secrète du réel. Une bien étrange trame.

La théorie des ensembles et l'infini, la théorie de la relativité et le temps, la mécanique quantique et l'étoffe du réel : tels seront donc les thèmes, cher lecteur, des trois premières parties du présent ouvrage. Les trois premières cordes de ce *Violon d'Einstein*, qui n'en serait pas un s'il n'en possédait pas quatre – *sol*, *ré*, *la*, *mi*. Et puisque nous aurons précédemment été amenés à découvrir ou redécouvrir quelques-unes des équations fondamentales de la physique théorique, cette quatrième et dernière partie sera une réflexion (ou plutôt, et plus modestement, une invitation à la réflexion) sur cette notion d'équation. Des équations en si parfaite adéquation avec les phénomènes naturels que c'en est troublant.

Une dernière remarque. Ce que le violon a été pour Cantor et Einstein, les mathématiques et la physique le sont pour moi. Je ne suis, relativement à ces deux disciplines, rien d'autre qu'un amateur. Clemenceau disait que la guerre est une affaire trop sérieuse pour être laissée aux seuls militaires. Les mathématiciens et les physiciens professionnels m'en voudront-ils si je leur avoue que je pense exactement la même chose de leur objet d'étude : il n'est peut-être pas inutile que, de temps en temps, des « civils » s'en mêlent un peu. Les civils, ce sont les rêveurs. Ceux qui n'ont pour eux ni doctorat, ni agrégation, ni aucune espèce de galons à l'épaule, mais leur simple curiosité intellectuelle – et une fleur au fusil.

Je suis l'un d'eux. Et je n'ai pu résister à la tentation d'écrire à mon tour quelques pages – pages de pures rêveries, certaines amusées et (je l'espère) amusantes, d'autres plus graves – sur ces théories qui m'émerveillent et sur ces hommes de science que j'admire. Et tant pis si ces théories et ces savants relèvent depuis belle lurette de l'histoire des sciences, au point de passer pour des vestiges des temps préhistoriques aux yeux des mathématiciens et physiciens contemporains ! Et tant pis encore s'ils ont déjà fait l'objet de quantité de livres (ceux sur Einstein ne se comptent plus), pour la plupart beaucoup plus sérieux, plus complets et plus techniques que celui qui va suivre ! Je sais tout cela. Mais, que voulez-vous, cher lecteur, c'était plus fort que moi. On peut n'être qu'un simple mélomane et avoir envie de faire entendre sa petite musique.

Les vertiges de l'infini

La vision d'Auguste Blanqui

Où un révolutionnaire français enfermé entre les quatre murs d'une cellule fait le rêve éveillé d'un univers infini dans lequel tout se répète nécessairement à l'identique un nombre infini de fois.

Au printemps de 1871, pendant la « semaine sanglante » qui mit fin à la Commune de Paris, le théoricien du socialisme et révolutionnaire Auguste Blanqui est conduit comme prisonnier au fort maritime du Taureau, dans la baie de Morlaix ; pour tromper le temps, il y entreprend l'écriture d'un étrange ouvrage, *L'Éternité par les astres*.

C'est que, tandis qu'il tournait comme un lion en cage entre ses quatre murs, méditant sur la vastitude de l'univers pour fuir par la pensée ce que sa cellule avait d'insupportablement exigu, « l'Enfermé » a eu une vision. Ou plutôt une sorte de rêve éveillé, aussi vertigineux qu'effarant. Blanqui était assez versé dans les sciences de son temps pour savoir que toute chose, animée comme inanimée, est constituée d'un ensemble d'atomes (en nombre incommensurable, mais non infini) choisis parmi la centaine de variétés existant dans la nature et agencés entre eux d'une certaine façon. Et il entrevoit soudain, en un éclair, la conséquence nécessaire (nécessaire parce que mathématique) d'un tel fait dans un univers qui se prolongerait à l'infini dans toutes les directions.

Tout est affaire de probabilités, et les lois mathématiques qui les régissent sont implacables. Si vous lancez un dé un assez grand nombre de fois, vous êtes sûr de finir par obtenir un six ; si vous le lancez une infinité de fois, vous obtiendrez de façon tout aussi certaine une suite arbitrairement grande de six. Une combinaison donnée d'atomes, si grande et si compliquée soit-elle, n'échappe pas à cette fatalité. Si l'univers est suffisamment vaste, conjecture Blanqui, il existe une chance infime que cet agencement particulier correspondant ici, sur Terre, à mon humble personne soit reproduit à l'identique quelque part ailleurs, autrement dit, que j'aie un double (mais lequel de nous deux serait l'original, lequel la copie ?) ; si l'univers est d'extension infinie, il est *absolument certain* qu'il contient en son sein une *infinité* de tels sosies…

L'univers est-il infini ?

Le premier à l'avoir envisagé fut un autre proscrit, Giordano Bruno. Près de trois siècles avant Blanqui, l'ex-frère dominicain avait eu une vision semblable à la sienne. Allant plus loin que Copernic, qui n'avait fait que déplacer le centre du cosmos de la Terre vers le Soleil, Bruno rêva un univers dénué de centre comme de bords ; il fit, par l'imagination, voler en éclats l'idée d'un monde clos et cette « sphère des étoiles fixes » qui, dans la conception héritée des Anciens, était censée l'englober de toutes parts ; puis, se faisant la réflexion que le Créateur n'avait certainement pas fabriqué un univers infini pour le laisser presque entièrement vide, il peupla cet espace s'étendant sans fin dans toutes les directions d'une myriade de Terres semblables à la nôtre et roulant comme elle autour de leur Soleil dans la nuit éternelle, d'une myriade de Terres avec leurs propres espèces d'oiseaux, de poissons, de reptiles et de mammifères, leurs propres hommes croyant en leurs propres Christ, leurs propres royaumes, cités, Inquisitions et bûchers – comme celui-là même sur lequel, pour avoir conçu cette hérésie, on le mit à brûler le dix-septième jour de février de l'an 1600 de Notre Seigneur, sur le Campo de' Fiori à Rome.

Mais j'en reviens à 1871 et à Auguste Blanqui.

Regardez-le, cher lecteur. Il est dans sa cellule, sourd au mugissement de la mer qui bat incessamment de ses vagues les flancs de pierre de ce fort dans lequel il est enfermé. Et, tout en se prenant la tête dans les mains, les coudes appuyés sur sa table rudimentaire, à la lueur vacillante de sa chandelle, il songe que, si l'univers est infini (et Blanqui, comme Bruno, pensait qu'il l'était), il doit nécessairement exister quelque part, en cet instant même, une infinité d'autres Blanqui en tout point identiques à lui, enfermés dans une infinité d'autres cellules tout aussi exiguës que la sienne, qui se prennent eux aussi la tête dans les mains, leurs coudes appuyés sur la même table, leur visage éclairé par la même chandelle, leur âme en proie à la même horreur métaphysique qui leur inspirera à tous ces lignes, écrites une infinité de fois :

> « Chaque homme possède dans l'étendue un nombre sans fin de doublures qui vivent sa vie absolument telle qu'il la vit lui-même. Il est infini et éternel dans la personne d'autres lui-même, non seulement de son âge actuel, mais de tous les âges. Il a simultanément, par milliards, à chaque seconde présente, des sosies qui naissent, d'autres qui meurent, d'autres dont l'âge s'échelonne de seconde en seconde, depuis sa naissance jusqu'à sa mort[1]. »

Giordano Bruno, Auguste Blanqui. Un moine dominicain et un théoricien du socialisme. Deux de ces grands *arpenteurs de l'infini* dont l'humanité s'honore de siècle en siècle.

Mais le plus grand de tous est un mathématicien allemand qui, après avoir révolutionné sa discipline en jetant les bases de ce qu'on appelle la « théorie des ensembles », vit son puissant esprit partir à la dérive et mourut en 1918, oublié des hommes, dans un asile d'aliénés. Il s'appelait Georg Cantor.

Saint Cantor, prophète et martyr

Où un mathématicien allemand parvient le premier à résoudre l'énigme du sphinx ∞ avant de sombrer dans le mysticisme et la dépression.

« *O God, I could be bounded in a nutshell and count myself a king of infinite space, were it not that I have bad dreams**. »

William SHAKESPEARE, *Hamlet* (II, 2).

Georg Cantor était obsédé par Shakespeare. Plus précisément, il était obsédé par l'idée que « Shakespeare » n'était pas Shakespeare, mais son compatriote et contemporain Francis Bacon, qui fut chancelier d'Angleterre et philosophe. Cela le conduisit, lui, le mathématicien allemand, à se plonger corps et âme dans la littérature élisabéthaine. Il multiplia les lettres, articles, conférences sur ce thème. Il voulait ardemment, passionnément, désespérément, que la

* « Ô Dieu, serais-je enfermé dans une coquille de noix, je m'estimerais roi d'un espace sans limites, s'il ne se trouvait que je fais de mauvais rêves. »

vérité sur cette fraude littéraire éclatât au grand jour grâce à lui, Georg Cantor. *Hamlet* n'en eût pas été moins vertigineux, ni *La Tempête* moins magique…

Qu'importe. Rendre à Francis Bacon ce qui lui revenait, faire œuvre de justice, telle était la tâche qu'il s'était fixée. Ce n'était pas la seule, ni la plus importante. Il avait reçu de son Créateur, en contrepartie de ses dons exceptionnels, une mission tout aussi exceptionnelle qui faisait de lui, tout obscur qu'il fût, une sorte d'élu : car cette mission n'était rien de moins que de repousser les limites du Royaume de Dieu, de l'agrandir, de le démultiplier par la seule force de sa pensée. Vous souriez ? Vous avez tort.

Pour Georg Cantor, ce Royaume était les nombres. Pythagore, et Platon après lui, et les néoplatoniciens des IIIe et IVe siècles de notre ère après eux, et encore tant d'autres profonds esprits qui se sont succédé jusqu'à ce XIXe siècle finissant, partagèrent au long des âges la croyance que les nombres existent *réellement*, indépendamment de la pensée humaine qui les a non pas conçus, mais découverts. Et non seulement les nombres, mais toutes les entités mathématiques mises au jour à mesure que s'élargissait et s'approfondissait notre connaissance de l'arithmétique, de la géométrie, de l'algèbre, etc. *Toutes* les entités, vraiment ? Pas complètement. L'une d'elles, et non des moindres, paraissait trop chimérique, ou trop monstrueuse, pour se voir accorder le même statut ontologique que les autres : l'infini.

L'infini a été considéré avec la plus grande suspicion par la quasi-totalité des mathématiciens jusqu'à Cantor. Ils tenaient ce très problématique ∞ au mieux pour une vue de l'esprit, un artefact de la pensée humaine, inévitable en certains cas mais dénué de réalité, au pire pour une scorie dont il fallait se débarrasser chaque fois qu'il apparaissait dans les calculs (et il apparaissait de plus en plus souvent).

Ils avaient leurs raisons. Il semblait par exemple que l'infini mathématique introduisît une faille dans cet indiscutable principe voulant que rien ne se crée à partir de rien (sinon par la volonté de Dieu). Le grand logicien Albert de Saxe n'avait-il pas montré, au XIVe siècle, qu'avec une barre rectangulaire de longueur infinie, mais de largeur et de hauteur finies, on pouvait aisément fabriquer un cube de taille infinie selon les trois dimensions du volume ? (Il suffit pour cela de scier la barre à intervalles réguliers pour en faire des briques ; la longueur de la barre étant infinie, la quantité de briques disponibles l'est aussi.) Comment un objet infini selon une unique dimension d'espace pouvait-il de lui-même en engendrer un autre, infini selon les trois dimensions – un objet en quelque sorte *triplement* infini ? D'où surgissait la quantité infinie de matière supplémentaire nécessaire pour passer de la barre au cube ? Troublant mystère – Albert de Saxe dut en perdre son latin.

Georg Cantor n'avait pas pour l'infini la répugnance de la plupart de ses collègues mathématiciens. Le mystérieux ∞, loin de lui faire détourner les yeux, le fascinait, l'hypnotisait presque. Ce symbole était un sphinx dont il sentait qu'il lui fallait résoudre l'énigme, quitte à se faire dévorer s'il échouait. Hardiment, il s'approcha du monstre.

*

Au cœur du malaise que les mathématiciens éprouvaient à la vue de cet insaisissable ∞, il y avait le paradoxe que Galilée avait si magistralement mis en lumière en 1638 dans son *Discours concernant deux sciences nouvelles*, dans lequel l'avisé Salviati démontre au naïf Simplicio : d'une part, qu'il y a nécessairement *moins* de nombres carrés que d'entiers naturels (puisque tous les entiers ne sont pas des carrés : 4 en est un, mais pas 3 et 5) ; d'autre part, qu'il y a nécessairement *autant* de carrés que d'entiers naturels (puisque chaque entier est la racine d'un et un seul carré : 1 est celle de 1, 2 est celle de 4, 3 est celle de 9, etc.).

Reprenant l'argumentation de Galilée, Cantor qualifia de « dénombrables » les ensembles infinis dont les éléments pouvaient être mis en correspondance un à un (les mathématiciens parlent de « bijection ») avec la suite des entiers naturels, comme Galilée l'avait fait pour l'ensemble des carrés. Tous ces ensembles dénombrables, expliqua-t-il, ont la même « taille », bien que l'évidence, qui est souvent mauvaise conseillère, nous souffle le contraire. Ainsi l'ensemble infini des nombres pairs, dont nous serions tentés de dire qu'il est deux fois plus petit que celui des entiers naturels, est-il en réalité de la même taille que lui, puisqu'il est possible d'établir entre leurs éléments respectifs une correspondance un à un. Ainsi également de l'ensemble infini des nombres rationnels, s'écrivant sous la forme d'une fraction de deux entiers naturels et dont les décimales se répètent de façon périodique à partir d'un certain rang ; bien qu'à première vue infiniment plus grand que celui des entiers naturels, il est en réalité, lui aussi, de la même taille.

Mais – et ce fut là son trait de génie – Cantor comprit que cela ne signifiait pas que *tous* les ensembles infinis eussent effectivement la même taille, car il en existait qui n'étaient pas dénombrables, c'est-à-dire dont les éléments ne pouvaient pas être mis en correspondance un à un avec la suite des entiers naturels. C'était en particulier le cas de l'ensemble des nombres réels, qui inclut les nombres rationnels et irrationnels (ne pouvant s'écrire sous forme de fraction et dont l'extension décimale est infinie, comme la racine carrée de 2, π ou le mystérieux nombre d'Euler *e*). En 1874, Cantor accoucha d'une première et difficile démonstration prouvant que l'ensemble des nombres réels n'était pas dénombrable (qu'il ne pouvait pas être mis en bijection avec celui des entiers naturels), ce qui signifiait qu'il était « plus grand » (infiniment plus grand) que lui.

Puisque l'on pouvait avec raison parler de la taille plus ou moins grande des ensembles infinis (que Cantor préférait appeler « transfinis »), il était logique de leur attribuer, comme aux ensembles finis, un cardinal ; ce cardinal n'étant pas, comme pour les ensembles finis, un entier naturel, mais un nombre d'une autre nature, Cantor le nomma d'après la première lettre de l'alphabet hébraïque, *aleph* (א), qui dans la Kabbale juive désigne l'*Eïn-soph*, le « Sans-fin », et que Jorge Luis Borges – autre grand arpenteur de l'infini – choisira plus tard pour titre de l'une de ses plus étourdissantes nouvelles. Les transfinis dénombrables étaient notés aleph-zéro ($\aleph_0$) ; les transfinis non dénombrables, infiniment plus grands que les précédents, aleph-un ($\aleph_1$).

Mais Cantor alla plus loin encore. Il pressentit et démontra qu'aleph-zéro et aleph-un n'étaient que les deux premières marches d'un escalier lui-même infini : qu'il existait un transfini aleph-deux, infiniment plus grand qu'aleph-un. Lequel ? L'ensemble de tous les sous-ensembles possibles d'aleph-un. Pour tout ensemble fini E de *n* éléments, l'ensemble de tous les sous-ensembles de E est appelé sa « puissance d'ensemble » et noté P(E) ; même si l'ensemble E est vide, l'ensemble de ses sous-ensembles (ou parties) ne l'est jamais puisqu'il contient toujours au moins deux éléments, l'ensemble vide ø et E lui-même (qui, lui, est vide) ; une démonstration toute simple montre que, si le cardinal de E vaut *n* (autrement dit, si E contient *n* éléments), celui de P(E) vaut 2^n, nombre strictement supérieur à *n* quel que soit *n* *. Cantor transposa cette notion aux ensembles infinis ; il démontra que l'ensemble des parties d'un ensemble infini a une cardinalité strictement supérieure à celle de ce dernier : il est impossible d'établir, entre les éléments de l'ensemble de départ et ceux de l'ensemble des parties, une correspondance un à un. À son tour, ce transfini aleph-deux s'efface devant infiniment plus grand que lui – l'ensemble de tous ses sous-ensembles, d'une cardinalité strictement supérieure à la sienne –, et ainsi de suite… à l'infini. Ce que Cantor avait établi au terme de ses travaux, menés en une dizaine d'années, c'était l'existence d'une hiérarchie infinie d'infinis.

---

* Un exemple pour celles et ceux qui ne sont pas familiers avec cette terminologie mathématique. Soit l'ensemble E = {a,b,c} de trois éléments. Les sous-ensembles de E sont :

– le sous-ensemble vide ø ;
– les trois singletons {a}, {b} et {c} ;
– les trois paires {a,b}, {a,c} et {b,c} ;
– le triplet {a,b,c} (autrement dit l'ensemble E, partie de lui-même).

L'ensemble des sous-ensembles de E est donc P(E)={ø, {a}, {b}, {c}, {a,b}, {a,c}, {b,c}, {a,b,c}}. Et l'on vérifie bien que le cardinal de P(E) vaut 8, soit 2^3.

*

En 1884, une première dépression nerveuse le terrassa pendant quelques semaines, au cours desquelles il dut être interné. Après quoi sa vie reprit son cours normal entre obligations professorales et pratique du violon, instrument dont son grand-père maternel Franz Böhm avait jadis été un virtuose. Du moins le reprit-elle en apparence car, sous la surface, quelque chose en lui s'était brisé : son intérêt pour les mathématiques déclina, celui qu'avait éveillé sa lecture de Spinoza pour les spéculations philosophico-théologiques s'accrut.

Dans cette lente et irréversible montée de la dépression, qui aboutit en 1884 à son premier internement, un facteur avait pesé lourd : l'hostilité que lui témoignait celui qui avait été son professeur, Leopold Kronecker. Kronecker, connu pour avoir déclaré que « Dieu a fait les nombres entiers, tout le reste est l'œuvre de l'homme », était un « finitiste » ; il pensait que les mathématiciens ne pouvaient et ne devaient manipuler que des objets mathématiques finis ; et il voyait d'un très mauvais œil les prétentions de son ancien élève à s'aventurer au-delà de ces bornes connues, au point de faire tout ce qui était en son pouvoir pour bloquer sa carrière académique.

Puisqu'il était en butte à l'incompréhension de ses pairs, puisque la cabale montée contre lui par son ancien maître lui fermait les portes des prestigieuses universités de Berlin et de Göttingen, le condamnant à croupir dans celle de Halle, sans collègue de son calibre, Cantor voulut tirer un trait ce qui avait été sa vie ; il demanda son transfert du département de mathématiques à celui de philosophie, ce qui lui fut refusé. Il entreprit alors de correspondre avec des théologiens des implications philosophiques et religieuses de sa théorie.

L'une d'elles était qu'il n'existait pas d'infini supérieur à tous les autres qui pût être appréhendé par la pensée humaine, ce qui laissait place à Dieu. L'infini étant l'un des attributs de Dieu, il fallait que cet infini divin fût d'une autre essence que cette infinité de transfinis dont il avait lui-même déterminé la nature et les lois, sans quoi Dieu s'en serait trouvé rabaissé au rang d'entité mathématique : cet infini d'essence autre, irréductible à la pensée humaine et aux lois mathématiques, Cantor dans ses lettres lui donnait le nom d'« Absolu ». Mais il n'était déjà plus un mathématicien se piquant de théologie ; il se voyait comme un messager de Dieu, une créature que Dieu avait choisie et dotée des facultés nécessaires pour révéler au monde Sa véritable essence, pour montrer et démontrer aux incrédules que Son royaume dépassait infiniment tout ce que l'esprit humain peut entrevoir de plus infini…

C'est aussi à cette époque que Cantor se plongea dans la littérature élisabéthaine avec l'espoir d'y trouver la preuve que Francis Bacon était le véritable auteur des pièces de Shakespeare.

Ni son élection à la tête de la nouvelle Union des mathématiciens allemands en 1891, ni la mort la même année de son implacable ennemi Kronecker ne purent le retenir de glisser sur la pente où il s'était engagé ; cette puissante intelligence était partie à la dérive, et rien ne pouvait plus être fait pour la ramener au port.

En 1896, Cantor publia trois textes consacrés à la théorie Bacon-Shakespeare : la *Confession de foi de Francis Bacon*, la *Résurrection du divin Quirinius Francis Bacon* et le *Recueil de Rawley*.

Trois ans plus tard, tandis qu'il donnait une conférence, à Leipzig, sur la véritable identité du génie se cachant derrière le nom de William Shakespeare, son plus jeune fils Rudolf, qui avait hérité de son amour du violon mais était de santé fragile, mourut subitement.

Pour la raison déjà chancelante de Cantor, ce coup du sort semble avoir été le coup de grâce. Comme en 1884, il sombra dans une dépression si profonde qu'elle entraîna son internement.

Dès lors le Mal ne cessa plus de le frapper, encore et encore, toujours plus fort : tout au long des dix-huit années qu'il lui restait à vivre, Cantor ne devait plus cesser d'être ballotté entre son foyer et la maison de repos, se faisant chaque fois décharger de sa tâche d'enseignant. Pourquoi ces souffrances ? Dieu voulait-il humilier Son messager ? Ou était-ce Satan qui se vengeait, qui lui faisait payer le prix de sa théorie mathématique construite *ad majorem Dei gloriam* ?

Mais Cantor humilié resta un brave soldat de Dieu. En 1905, il publia, à compte d'auteur, un nouvel opus, de théologie cette fois : *Ex Oriente Lux*, dont la substance lui avait été « révélée » durant sa « captivité » (son internement) à l'hiver précédent. « J'ai reçu une illumination inattendue que j'ai pu mettre sous la forme d'un dialogue entre un Maître et son disciple », écrit le mathématicien qui précise qu'il s'agit d'« une étude rénovée de notre Bible avec des yeux grands ouverts ».

Après sa mise à la retraite anticipée, en 1913, la misère matérielle vint s'ajouter à la déréliction morale ; d'autant que la guerre qui éclata l'année suivante rendit la vie plus difficile pour tout le monde : qui se souciait encore, dans ce chaos où l'empire était plongé, d'un pauvre vieillard abandonné à lui-même dans un asile d'aliénés ?

Il y croupissait depuis près de huit mois lorsque, le 6 janvier 1918, la mort, qui est toujours douce aux malheureux, se souvint de lui et le délivra.

À cette date, le monde des mathématiques avait bien changé depuis que Cantor s'en était éloigné, attiré par d'autres rivages. Les idées qu'il avait semées sans rien récolter d'autre que de l'indifférence ou des sarcasmes avaient malgré tout fini par germer. Derrière l'Allemand David Hilbert, toute une nouvelle génération de mathématiciens, plus ouverts, moins confits dans leurs certitudes que leurs aînés « finitistes », avaient accueilli avec enthousiasme les travaux de ce vieil homme que l'on disait fou ; ils avaient compris que sa théorie des transfinis, loin de menacer les fondements des mathématiques, les avait portés à des hauteurs que nul d'entre leurs devanciers n'aurait espéré atteindre.

De cette reconnaissance trop tardive, le vieil homme accablé par ses accès de dépression ne sut rien, ou ne voulut rien savoir.

Du fond de sa solitude, il en était d'ailleurs venu à bénir cet ostracisme dont il avait été frappé, à tirer gloire de ce stigmate :

> « Maintenant je remercie ce Dieu de sagesse et de bonté qu'Il m'ait toujours refusé l'accomplissement de cette volonté [d'obtenir un poste à sa mesure dans les universités de Berlin ou Göttingen] car Il m'a ainsi contraint, par un plus grand approfondissement de Sa théologie, de mieux Le servir ainsi que la Sainte Église catholique que je n'aurais pu le faire en me préoccupant exclusivement de mathématiques[2]. »

Saint Cantor, prophète et martyr.

« L'essence des mathématiques, c'est la liberté », disait Cantor.
Pour s'en être trop enivré, il mourut enfermé dans un hôpital psychiatrique.
©DR.

Jacob, Cantor, Gödel

Où un logicien fou, après avoir découvert une limite à la puissance des mathématiques, reprend le flambeau des mains du mathématicien mystique.

> « Jacob quitta Bersabée et partit pour Harân. Il arriva d'aventure en un certain lieu et il y passa la nuit, car le soleil s'était couché. Il prit une des pierres du lieu, la mit sous sa tête et dormit en ce lieu. Il eut un songe : Voilà qu'une échelle était dressée sur la terre et que son sommet atteignait le ciel, et des anges de Dieu y montaient et descendaient ! Voilà que Yahvé se tenait devant lui… »
>
> Livre de la Genèse (28:10-13).

Au temps des Patriarches, Jacob rêva d'une échelle qui reliait le Ciel à la Terre, l'homme à Dieu.

Dans la seconde moitié du XIXe siècle, Cantor construisit mathématiquement une échelle qui reliait le Ciel à la Terre, l'homme à l'Absolu – c'est-à-dire à Dieu.

Cantor a réalisé le rêve de Jacob ; il a fait de nous tous ses héritiers, autant de Jacob capables de nous élever par la pensée jusqu'à l'Absolu – c'est-à-dire jusqu'à Dieu.

Le premier barreau de l'échelle de Cantor est cet infini, le plus simple de tous, dont les enfants eux-mêmes peuvent avoir une intuition : il s'agit de l'ensemble des nombres entiers, $\aleph_0$; le deuxième, $\aleph_1$, qu'aucune bijection ne saurait réduire à $\aleph_0$, et qui lui est donc (infiniment) supérieur, est l'ensemble des nombres réels ; le troisième, $\aleph_2$, qui est à $\aleph_1$ ce que $\aleph_1$ est à $\aleph_0$, est l'ensemble de tous les sous-ensembles de $\aleph_1$; le quatrième, $\aleph_3$, l'ensemble de tous les sous-ensembles de $\aleph_2$... Et ainsi de suite *ad infinitum* jusqu'à cet infini non mathématique qui englobe l'infinité des infinis mathématiques et est l'Absolu – c'est-à-dire Dieu.

Un homme qui avait réalisé le rêve de Jacob aurait pu s'endormir dans la gloire et y reposer jusqu'à la fin des temps.

Mais une question tourmentait Cantor quand il contemplait avec les yeux de l'esprit son échelle mathématico-céleste.

Cette question obsédante (obsédante pour qui est né sous la même mystérieuse étoile que Georg Cantor, ce qui est le lot de deux ou trois hommes par siècle) était la suivante : est-il bien sûr qu'il n'existe aucun barreau intermédiaire entre $\aleph_0$ et $\aleph_1$, aucun infini qui soit à la fois plus grand que l'infini des entiers et plus petit que l'infini des réels ? Cantor conjecturait que oui, mais, malgré ses efforts acharnés, il fut incapable de démontrer cette hypothèse passée à la postérité sous le nom d'« hypothèse du continu » – et cet échec venu obscurcir les dernières années de sa production mathématique contribua grandement à le précipiter dans le désespoir, qui est comme chacun sait le domaine du Diable.

Fin du premier acte.

*

En 1900 – Cantor avait encore dix-huit longues années à se traîner sur cette Terre, dans l'enfer de la dépression et de l'aliénation mentale –, David Hilbert, lors du Congrès international des mathématiciens réuni à Paris, énonça ses fameux vingt-trois problèmes irrésolus qui constituaient autant de défis pour les mathématiciens présents et futurs. En tête des problèmes de Hilbert venait la confirmation (ou la réfutation) de l'« hypothèse du continu » émise par son malheureux compatriote.

Mais laissons-le provisoirement de côté et arrêtons-nous d'abord sur le deuxième des vingt-trois problèmes de Hilbert. Il s'énonçait ainsi : peut-on démontrer la cohérence de l'arithmétique, ce socle des mathématiques ? En d'autres termes, peut-on démontrer que les axiomes de l'arithmétique ne sont pas contradictoires ?

Cette question peut sembler curieuse. Mais il faut se replacer dans le contexte de l'époque : les mathématiques traversaient alors une période de crise aiguë, que l'histoire a retenue sous le nom de « crise des fondements » ; elle était en bonne partie due aux travaux de Cantor qui, s'ils avaient permis d'apprivoiser l'infini, avaient aussi fait surgir un certain nombre de dangereux paradoxes, menaçant de saper les fondements non seulement de la théorie des ensembles, mais de toutes les mathématiques. Elles qui, depuis l'époque de Galilée, avaient permis à la physique de dévoiler une à une les lois de la nature – en une longue suite de succès ayant culminé dans la mécanique newtonienne puis dans la théorie électromagnétique de Maxwell –, elles qui s'étaient révélées au fil des siècles un si puissant langage, le seul langage vraiment universel dont disposât la raison humaine, allaient-elles se mettre à bredouiller lamentablement ?

Des différents paradoxes nés de la théorie des ensembles, le plus connu est celui mis en lumière au lendemain du congrès de Paris par le mathématicien, logicien et philosophe britannique Bertrand Russell. Pour le rendre plus accessible, Russell en donna lui-même une version imagée, le « paradoxe du barbier », que voici : le conseil municipal d'un village vote un arrêté enjoignant à son barbier de raser tous les habitants du village qui ne se rasent pas eux-mêmes, et seulement ceux-ci. Question : le barbier doit-il se raser lui-même ? S'il le fait, il enfreint la règle, puisqu'il lui a été ordonné de ne raser que les hommes qui ne se rasent pas eux-mêmes ; s'il ne le fait pas, soit qu'il se fasse raser par un autre ou qu'il se laisse pousser la barbe, il enfreint également la règle, puisqu'il a reçu le commandement de raser tous les hommes qui ne se rasent pas eux-mêmes. D'où le paradoxe. Sous ses airs innocents, un sérieux coup de boutoir dans les fondations des mathématiques*.

La crise des fondements allait-elle conduire cette discipline, reine des sciences, à s'effondrer sur elle-même en un assourdissant vacarme ? Il fallait tout rebâtir à neuf, et d'urgence. Russell ne se contenta pas de pointer du doigt la grave fissure que constituait le problème soulevé par son paradoxe ; il entreprit aussi de la réparer. Avec un autre mathématicien, logicien et philosophe anglais, Alfred North Whitehead, qui avait été son professeur au Trinity College de Cambridge, il se lança à corps perdu dans un immense chantier : celui consistant à vouloir reconstruire (redémontrer) tous les théorèmes mathématiques à partir d'une liste bien définie d'axiomes et de règles de déduction, exprimés dans un langage logique rigoureux. Ce travail, qui leur prendra dix ans, aboutira aux trois volumes et plus de deux mille pages des *Principia Mathematica*, considérés comme l'ouvrage de logique le plus important depuis l'*Organon* d'Aristote. Russell et Whitehead s'étaient situés à un niveau si fondamental qu'il faut attendre la 86e page du deuxième volume pour les voir « prouver » que 1 + 1 = 2, après quoi les auteurs notent avec un humour tout britannique que « la proposition ci-dessus est parfois utile ».

Mais, on le sait à présent, cette tâche colossale, d'ailleurs laissée inachevée, était vaine.

C'est ici qu'entre en scène un autre personnage, peut-être le plus fascinant et le plus génial d'un siècle qui en compta beaucoup :

* La formulation plus générale du paradoxe de Russell, que ne fait que traduire la drôle de petite histoire du barbier, est la suivante : soit l'ensemble des ensembles qui n'appartiennent pas à eux-mêmes ; cet ensemble appartient-il à lui-même ? Que l'on réponde oui ou que l'on réponde non, on se heurte à une aporie, ce qui rend l'existence de cet ensemble paradoxale – et laisse planer une ombre plus que menaçante dans le ciel des mathématiques.

le logicien et mathématicien autrichien Kurt Gödel, né six ans après le congrès de Paris.

Kurt Gödel s'attaqua tout d'abord au deuxième des vingt-trois problèmes de Hilbert, celui de la cohérence de l'arithmétique. Et sa réponse, formulée en 1931 sous le nom de « théorème d'incomplétude », a une portée qui dépasse de beaucoup la question initiale de Hilbert. Gödel lui-même, qui était un être éminemment étrange – paranoïaque jusqu'au délire – mais qui n'avait rien d'un vantard, y voyait « la vérité mathématique la plus significative du siècle ». Il n'avait pas tort.

Le théorème d'incomplétude dit ceci :

1. D'une part, qu'un système formel cohérent et non contradictoire (comme l'est l'arithmétique) contient nécessairement en son sein des propositions « indécidables », c'est-à-dire des propositions qu'on ne peut pas plus démontrer que réfuter ou, si l'on préfère, dont on ne peut pas plus prouver la véracité que la fausseté.
2. d'autre part, qu'il est impossible de démontrer qu'un système formel est cohérent et non contradictoire sur la seule base des axiomes de ce système ; pour ce faire, il faut sortir du système – lequel est donc nécessairement incomplet.

Le théorème d'incomplétude est, comme son nom l'indique, un théorème. C'est-à-dire une proposition qui a été elle-même démontrée. Et ce que ce théorème démontre, c'est que les *Principia mathematica* de Russell et Whitehead, ou toute autre entreprise de même nature visant à formaliser l'ensemble des mathématiques sur une base axiomatique, sont nécessairement vouées à l'échec : aucune base formelle, aucun ensemble d'axiomes et de règles d'inférences ne saurait rendre compte de la totalité des propositions mathématiques.

Hilbert, qui avait été à l'origine de ce grand rêve, résumait sa profession de foi par cette vigoureuse formule : en mathématiques, pas d'*ignorabimus* (pas de « nous ne saurons pas »). Par une cruelle ironie, un an seulement avant que Gödel n'énonce son théorème, il avait même eu ces mots restés célèbres, et qui seront plus tard gravés sur sa tombe au cimetière de Göttingen : « *Wir müssen wissen, wir werden wissen* » (« Nous devons savoir, nous saurons »). Mais c'était sans compter sur ce diable de logicien autrichien, qui était sur le point, avec son théorème, de dissocier à tout jamais les notions de vérité et de démonstration mathématiques – certaines propositions, bien qu'intuitivement vraies, ne sont pas pour autant démontrables – et de fixer une limite intrinsèque à la formalisation : tout ne peut pas être démontré en procédant pas à pas, mécaniquement, à partir d'un ensemble donné de règles et d'axiomes. Autrement dit, tout n'est pas à la portée de ce qui sera inventé cinq ans plus tard (en 1936) sous le nom de « machine de Turing » ; nos ordinateurs et supercalculateurs actuels, si puissants soient-ils, ne pourront jamais venir à bout de la totalité des problèmes mathématiques – et c'est tant mieux pour les mathématiciens, car cela signifie qu'il reste de la place pour l'intuition, qui est une capacité spécifiquement humaine dont aucune machine à déduire ne sera jamais capable !

Mais revenons-en à Gödel. Après avoir atteint de telles cimes, quel panorama pouvait-il embrasser du regard sinon le plus vaste de tous, la hiérarchie des infinis de Cantor et sa redoutable hypothèse du continu – qui était l'objet, on s'en souvient, du premier des vingt-trois problèmes de Hilbert ?

J'ignore quel tortueux chemin suivit l'étrange logicien pour parvenir à son résultat. Toujours est-il qu'en 1937, tandis que le Reichstag reconduisait les pleins pouvoirs à Hitler et que les avions de la légion Condor bombardaient Guernica, Gödel prouva qu'il était impossible de démontrer la fausseté de l'hypothèse du continu.

Fin du deuxième acte.

*

Le troisième acte a pour cadre le campus de Stanford. C'est là qu'en 1963 un jeune mathématicien américain du nom de Paul Cohen reprend le travail inachevé de Gödel sur l'hypothèse du continu… et prouve qu'il est impossible d'en démontrer la véracité !

Donc, l'hypothèse du continu, vraie dans la mesure où il est impossible de prouver qu'elle est fausse, fausse dans la mesure où il est impossible de prouver qu'elle est vraie, à la fois vraie et fausse, ou plutôt ni l'une ni l'autre, est l'une de ces propositions indécidables dont Gödel avait établi l'existence dans son théorème d'incomplétude de 1931.

Pauvre Cantor ! Le Diable avait usé avec lui du plus diabolique des stratagèmes : celui consistant à tenter un esprit avide de *savoir* avec une énigme sans réponse.

Digression 1
La diagonale du fou

Où l'on s'interroge sur les curieux rapports du génie et de la folie dans le domaine logico-mathématique.

En 1874, la démonstration qui avait permis à Cantor de prouver la non-dénombrabilité de l'ensemble des nombres réels avait été laborieuse et difficile. En 1891, dans un dernier sursaut, il en donna une seconde, beaucoup plus simple et plus lumineuse, dont l'élément clef est passé à la postérité sous le nom d'« argument de la diagonale », ou « diagonale de Cantor ». Je n'entrerai pas dans les détails. Qu'il me suffise de dire que cette diagonale de Cantor est de ces miracles de la pensée qui allient la beauté formelle à l'efficacité, ou, pour le dire mieux, dont l'efficacité *fait* la beauté. Quelque chose comme l'analogue mathématique de la roue.

Il ne m'est pas indifférent de songer que cet argument de la diagonale, inventé – ou découvert ? – en 1891 par Cantor, le mathématicien mystique, se retrouvera quarante ans plus tard au cœur de la démonstration du théorème d'incomplétude de Gödel, le logicien fou. Chimère peut-être, voici comment je vois les choses : Cantor à un coin de l'échiquier logico-mathématique, Gödel au coin diagonalement opposé ; et le petit fou de buis qu'une main invisible déplace lentement de l'un à l'autre...

*

Gödel croyait aux fantômes, au Diable, aux démons et aux anges. Il n'y croyait pas par romantisme, amour vague du surnaturel ou goût de la provocation : il y croyait vraiment, fermement, et consacra une grande part de son temps et de son incomparable puissance de raisonnement à réfléchir à des questions qui nous paraissent pour le moins saugrenues, comme celle de savoir si ces anges qu'il disait se mouvoir parmi les concepts mathématiques avaient ou non un corps, ou communiquaient avec l'esprit des mathématiciens par quelque partie matérielle ou non de leur cerveau.

Gödel avait peur que le « mauvais air » sournoisement émis par la chaudière et les appareils électroménagers ne le tuât lui ou sa femme Adele, ce qui le poussa à déménager trois fois en quatre ans, à changer plus fréquemment encore de réfrigérateur, à vivre fenêtres ouvertes hiver comme été.

Gödel avait également peur que ses ennemis (le Diable ou l'un de ses émissaires démoniaques ? le FBI ?) ne l'empoisonnent, quand bien même Adele goûtait ses plats, quand bien même il se préparait ses repas lui-même, dans sa cuisine ; finalement, il cessa de s'alimenter ; à sa mort, il ne pesait plus que 31 kilos.

Et c'est *ce même homme* que le professeur Oppenheimer, directeur de l'Institut d'études avancées de Princeton où Gödel s'était réfugié au lendemain de l'Anschluss et où il s'était lié d'amitié avec Einstein, tenait avec raison pour « le plus grand logicien depuis le temps d'Aristote », *ce même homme* qui, comme il le dit lui-même (avec raison là encore), fut le découvreur de « la vérité mathématique la plus significative du siècle »...

Vies parallèles

Si Plutarque avait vécu à notre époque, je ne doute pas qu'il eût consacré un chapitre de ses *Vies parallèles* à Cantor et à Gödel. Il y a de troublantes similarités dans les existences de ces deux hommes. Tous deux ont connu une période d'intense créativité qui s'est brutalement conclue par un premier épisode dépressif (en 1884 pour Cantor, en 1934 pour Gödel), lequel épisode les conduisit dans une maison de repos ou un sanatorium et paraît avoir modifié en profondeur leur personnalité ; tous deux, après cette première crise (qui devait être suivie de beaucoup d'autres), ont continué pendant quelque temps leurs travaux logico-mathématiques mais avec, semble-t-il, moins d'ardeur, en tout cas moins de bonheur ; tous deux se sont attaqués à la même redoutable énigme mathématique connue sous le nom d'hypothèse du continu, qui acheva de les épuiser moralement ; tous deux se sont passionnés (d'une passion de plus en plus exclusive à mesure des années) pour la philosophie, et les maîtres à penser qu'ils se sont donnés sont les deux premiers grands bâtisseurs de systèmes de l'après-Descartes, les deux frères ennemis Spinoza (pour Cantor) et Leibniz (pour Gödel).

Ajoutons que tous deux ont été, chacun à sa manière, de grands mystiques ; et que tous deux ont eu des lubies bizarres, quasi obsessionnelles – pour ne pas dire « folles ».

Cette réputation de « folie » attachée à leur nom est bien sûr, de toutes ces caractéristiques communes, celle qui retient le plus l'attention de la postérité. Parce que, nonobstant leur génie mathématique, ils ont été et sont encore tenus pour « fous », Cantor et Gödel forment un couple étrange, et qui nous pose une question plus étrange encore : comment se fait-il qu'aient pu cohabiter dans ces deux esprits d'exception une pensée logique aussi puissante – assez puissante pour permettre à l'un de bâtir sa théorie des ensembles, à l'autre d'établir son théorème d'incomplétude – et des idées aussi insolites ?

L'un des plus stimulants – et des plus réjouissants – philosophes des sciences de la nouvelle génération, Pierre Cassou-Noguès, a consacré tout un livre, *Les Démons de Gödel*, à cette passionnante question des rapports entre logique et folie. Loin de se mettre dans la peau d'un psychiatre qui, son *DSM* en main, chercherait à poser un diagnostic *post mortem*, il s'en tient volontairement au sens le plus vague du mot « folie » :

> « De quelqu'un, disons d'un oncle, qui éviterait de s'approcher du réfrigérateur "à cause des gaz", on dirait à mi-voix : "Vous savez bien, il est fou." Gödel est "fou" dans ce même sens, ce sens banal et qui ne signifie rien de précis. Que cela soit clair : je n'affirme pas que Gödel est fou, ce qui supposerait que je puisse expliquer ce qu'est être fou et ce qu'est la folie ; j'affirme seulement (et cela me semble incontestable) que Gödel est l'un de ces personnages, pleins de bizarreries, dont *on dit* qu'ils sont fous[3]. »

Bien que présentant à l'évidence un tableau clinique fort différent de celui de Gödel, Cantor, dans ce « sens banal et qui ne signifie rien de précis » du mot, n'était pas moins « fou » que lui. Et ce sont ces deux « personnages pleins de bizarrerie dont on disait qu'ils étaient fous » qui ont poussé la pensée logique (et non seulement la pensée logique, mais encore cette forme particulièrement rigoureuse de pensée logique qu'est la logique mathématique) jusque dans ses derniers retranchements ?...

Est-ce de s'être enfoncés si avant dans les tortueux chemins des mathématiques qui leur a fait perdre le sens commun ?

Ou bien n'y avait-il que deux fous pour aller aussi *logiquement* loin ?

La logique mathématique serait-elle... une logique folle ?

Regressus in infinitum

Où l'idée de régression à l'infini hante les imaginations diverses d'un philosophe grec de l'ère présocratique, d'un diacre anglican de l'époque victorienne et d'un écrivain argentin du siècle dernier.

> « Il est un concept qui corrompt et dérègle les autres. Je ne parle pas du mal, dont l'empire est circonscrit à l'éthique ; je parle de l'infini. »
>
> Jorge Luis BORGES,
> « Avatars de la tortue ».

L'idée de *régression à l'infini* est peut-être la plus dangereuse jamais conçue par la pensée humaine. Dans cette faille basculent et s'effondrent nos plus solides certitudes ; plus l'esprit cherche à s'extirper de cette nasse, plus il s'empêtre…

J'invite tous ceux qui n'en sont pas convaincus à lire ce petit texte capital de Borges (mais Borges a-t-il jamais écrit autre chose que des petits textes capitaux ?), « Avatars de la tortue ». Il y est expliqué avec concision et clarté, d'une part, comment Zénon d'Élée montre que, appliquée à l'étendue, la régression à l'infini implique l'impossibilité du mouvement, donc du changement, donc du devenir ; d'autre part, comment l'étrange révérend Dodgson *alias* Lewis Carroll, dans son bref dialogue de 1895, *Ce que la Tortue dit à Achille*, reprend le tour de prestidigitation de Zénon en l'appliquant non plus à l'étendue, mais à la pensée, pour montrer cette fois l'impossibilité de toute déduction logique !

Commençons par rappeler en quoi consiste le plus célèbre des paradoxes de Zénon, celui d'Achille et de la Tortue. Je laisse la parole à Borges, qui le résume impeccablement :

> « Achille, symbole de rapidité, doit atteindre la tortue, symbole de lenteur. Achille court dix fois plus vite que la tortue et lui accorde dix mètres d'avance. Achille parcourt ces dix mètres, la tortue en parcourt un ; Achille parcourt ce mètre, la tortue parcourt un décimètre ; Achille parcourt ce décimètre, la tortue parcourt un centimètre ; Achille parcourt ce centimètre, la tortue un millimètre ; Achille le millimètre, la tortue un dixième de millimètre, et ainsi de suite à l'infini, de sorte qu'Achille peut courir pour toujours sans l'atteindre. Tel est l'immortel paradoxe[4]. »

Zénon n'était pas aussi dénué de bon sens qu'on pourrait l'imaginer : il savait bien, comme vous et moi, qu'« Achille aux pieds légers », mis au défi de se mesurer à la course avec une tortue, non seulement aurait vite fait de la dépasser, mais franchirait la ligne d'arrivée longtemps avant elle. En formulant son paradoxe, l'Éléate entendait seulement montrer que cette issue certaine était, en toute rigueur logique, proprement impensable. Et son raisonnement ne devait pas être si mauvais que cela, puisqu'il tiendra en échec, pendant près de deux millénaires, les plus puissants penseurs, mathématiciens, logiciens ou philosophes. Il faudra attendre que, au XIVe siècle, sur les rives de la Seine, un conseiller du roi Charles V le Sage, Nicole Oresme, jette les premières bases d'une théorie des séries infinies pour commencer d'y voir plus clair. Grâce aux progrès des mathématiques, nous savons aujourd'hui – ce que Zénon et les Grecs de son temps ignoraient – que la somme d'un nombre infini de fractions ne donne pas nécessairement un résultat infini. Certaines séries infinies, comme celle qui se déroule sous nos yeux dans le raisonnement de Zénon, convergent (à l'infini) vers un nombre fini : ainsi, si l'on ajoute un quart à la moitié, puis un huitième au quart, puis un seizième au huitième, et ainsi de suite à l'infini en doublant chaque fois le dénominateur de la fraction, finit-on par obtenir $\pi/4$.

Depuis la découverte des séries convergentes, les paradoxes de Zénon tendant à prouver l'impossibilité du mouvement ont perdu un peu de leur acuité – du moins aux yeux des mathématiciens. Mais il me semble (et je pense que Borges aurait été d'accord avec moi) que ce garde-fou mathématique, qui nous empêche de tomber dans la folie zénoniste, ne peut rien contre la très malicieuse et très insidieuse transposition sur le plan de la pensée qu'en a faite, dans son dialogue de 1895, le révérend Dodgson.

C'est au syllogisme que s'en prend Lewis Carroll, mais, ce faisant, il s'en prend en vérité à toute forme de déduction : les deux prémisses et la conclusion n'ont pas besoin d'être explicites pour qu'un raisonnement soit un syllogisme ; le « je pense, donc je suis » de Descartes en est un (première prémisse : « je pense » ; seconde prémisse : « tout ce qui pense doit exister » ; conclusion : « je suis, j'existe ») ; de même, tous nos énoncés conditionnels, de la forme « si…, alors… », cachent eux aussi des syllogismes.

Soit donc un syllogisme à visage découvert : deux prémisses, une conclusion. Le très imaginatif diacre anglican, nous explique son admirateur argentin, a eu l'idée aussi perverse que géniale d'« interposer les abîmes répétés de Zénon » entre la seconde prémisse et la conclusion. Ayant dit cela, je laisse de nouveau la parole à Borges-Carroll :

> « Au terme de leur interminable course, les deux athlètes [Achille et la tortue] s'entretiennent paisiblement de géométrie. Ils étudient ce raisonnement lumineux :
>
> a) Deux choses égales à une troisième sont égales entre elles.
>
> b) Les deux côtés de ce triangle sont égaux à MN.

z) Les deux côtés de ce triangle sont égaux entre eux.
La tortue accepte les prémisses *a* et *b*, mais elle nie qu'elles puissent justifier la conclusion. Elle obtient d'Achille qu'il interpole une proposition hypothétique.
a) Deux choses égales à une troisième sont égales entre elles.
b) Les deux côtés de ce triangle sont égaux à MN.
c) Si *a* et *b* sont valables, *z* est valable.
z) Les deux côtés de ce triangle sont égaux entre eux.
Grâce à ce bref éclaircissement, la tortue admet la validité de *a*, *b* et *c*, mais conteste celle de *z*. Indigné, Achille interpole à nouveau :
d) Si *a*, *b* et *c* sont valables, *z* est valable[5]. »

etc., etc., *ad infinitum*.

« Absurde ! », « inepte ! », « ridicule ! », vous écrierez-vous peut-être, indignés à votre tour. Mais essayez un peu, mes bons Achille, de m'expliquer en quoi la tortue a tort... Je vous souhaite par avance bon courage, car je sais par expérience qu'elle a la carapace solide.

*

La régression à l'infini : un infime accroc dans la trame du raisonnement, et voilà toute la belle et solide toile qui s'effiloche.

Mathématique de l'effroi

Où il apparaît que l'existence d'un certain nombre nous interdit de jamais rien créer ou concevoir d'absolument original.

Ce qu'il y a de proprement vertigineux avec l'infini, c'est qu'il transforme une probabilité, si infinitésimale soit-elle, en absolue certitude ; avec lui, l'imaginable (ou tout aussi bien l'inimaginable) devient réalité positive.

Nous avons déjà vu cela à propos du rêve éveillé – ou ne faudrait-il pas plutôt parler de cauchemar ? – d'Auguste Blanqui enfermé en 1871 au fort du Taureau. Mais il n'est pas même besoin d'invoquer un hypothétique univers illimité pour se laisser ensorceler par la puissante magie de l'infini. Certains nombres, justement appelés nombres univers, recèlent de tout aussi stupéfiantes propriétés. Pi, l'innocent petit π de nos années de collège, est peut-être un nombre univers : à l'heure où j'écris ces lignes, et pour autant que je sache, cela n'est pas encore démontré. On sait en revanche que le nombre de Champernowne (qui s'obtient en mettant bout à bout l'écriture décimale de tous les entiers : 0,12345678910111213141516171819 20…) en est un. Un nombre univers est un nombre dans le développement décimal duquel on peut être certain de trouver, à un endroit donné, n'importe quelle séquence finie de chiffres. Autant dire n'importe quelle séquence finie de lettres, si l'on en affecte une à chacun des nombres de 1 à 26. Ce qui signifie que ce nombre de Champernowne réalise le rêve de Borges d'une bibliothèque de Babel contenant…

> « … tout ce qu'il est possible d'exprimer, dans toutes les langues. Tout : l'histoire minutieuse de l'avenir, les autobiographies des archanges, le catalogue fidèle de la Bibliothèque, des milliers et des milliers de catalogues mensongers, la démonstration de la fausseté de ces catalogues, la démonstration de la fausseté du catalogue véritable, l'évangile gnostique de Basilide, le commentaire de cet évangile, le commentaire du commentaire de cet évangile, le récit véridique de ta mort, la traduction de chaque livre en toutes les langues, les interpolations de chaque livre dans tous les livres[6]… »

*

Ainsi – ô effroi ! –, l'existence même d'un nombre univers comme celui de Champernowne nous interdit de jamais rien *créer* : de jamais rien tirer de soi d'absolument nouveau, original, sans pareil. Je pensais avoir inventé ces lignes : elles se trouvaient déjà toutes faites quelque part dans le développement décimal du nombre de Champernowne…

Digression 2
Dans le labyrinthe

Où l'on se demande si une entité mathématique existe de la même manière qu'une nouvelle littéraire.

Bien sûr, bien sûr, toute la question est de savoir ce que signifie le concept d'*existence* appliqué à une entité mathématique telle que le nombre de Champernowne. Le seul fait que je la qualifie d'*entité* mathématique implique que je lui reconnais bien une forme d'existence, c'est-à-dire de réalité, mais de quelle existence ou réalité s'agit-il ? Certainement pas la même que celle à laquelle je me référerais si je disais qu'un mathématicien anglais du nom de David G. Champernowne né à Oxford en 1912 et mort en 2000, ami d'Alan Turing, a existé, ou que la ville d'Oxford existe.

Nous avons vu que l'existence du nombre de Champernowne (pris comme exemple de nombre univers) prive l'esprit humain de la capacité de créer quoi que ce soit d'absolument nouveau, inédit ; ce à quoi l'on pourrait nous objecter que ce nombre est lui-même une création de l'esprit humain. Voilà pourtant qui mérite discussion.

David G. Champernowne a légué son nom à ce nombre pour l'avoir découvert et en avoir découvert (et démontré) la stupéfiante propriété. Il me plaît de voir cette découverte comme l'aboutissement inattendu d'une longue errance à travers les allées d'un incommensurable labyrinthe, assez semblable à celui décrit par Borges dans *La Bibliothèque de Babel* ; mais le trésor enfoui dans les tréfonds du labyrinthe existe indépendamment de celui ou de celle qui le cherche et le trouve. En ce sens, le nombre de Champernowne, s'il n'est pas doué du même genre d'existence que Champernowne lui-même, ne doit pas pour autant être mis sur le même plan ontologique que, par exemple, ce modeste texte sur le nombre de Champernowne, ou que *La Bibliothèque de Babel.*

Avant d'être la nouvelle que nous connaissons et qui continuera encore longtemps de fasciner des générations de lecteurs, *La Bibliothèque de Babel* fut le rêve halluciné d'un homme, un écrivain argentin du nom de Borges, qui coucha un jour sur le papier ce qu'il avait entrevu en songe. Sans doute est-il inexact de dire que cette nouvelle ne préexistait pas à sa rédaction ou à sa conception par ledit écrivain puisqu'elle se trouve de toute éternité codée sous forme numérique en quelque point de l'infini développement du nombre de Champernowne, justement. Mais cette nouvelle, si elle n'a pas été à proprement parler *créée* (tirée du néant) par lui, ne lui en doit pas moins d'être ce qu'elle est : le produit de son imagination, de sa sensibilité d'auteur, de sa technique littéraire ; elle lui est par conséquent indissociablement liée. Il n'en va pas de même du nombre de Champernowne qui ne doit à David G. Champernowne que d'avoir été par lui découvert. Ses caractéristiques en tant que nombre sont sans rapport avec la sensibilité ou la technique mathématique de ce Champernowne. Eût-il été découvert par quelqu'un d'autre, le connaîtrions-nous sous le nom de nombre de X ou de Z que ce serait toujours le même nombre, avec le même développement infini de chiffres se succédant dans le même ordre, contenant aux mêmes endroits les transcriptions numériques de la nouvelle de Borges telle que nous pouvons la lire dans toutes les langues connues ou inconnues, celles d'une infinité de versions fautives ne différant pour certaines du texte canonique que par un mot, une coquille ou une virgule, celles d'une infinité de variantes que Borges a laissées dans l'ombre…

AbracadAlhambra

Où le dernier mot sur l'infini revient à un lithographe néerlandais que fascinaient les décorations de l'Alhambra (et ce mot est une image).

« L'étonnement est le sel de la Terre. »
Maurits Cornelis Escher.

Il paraît – c'est ce que nous disent les mathématiciens – qu'il existe en tout et pour tout 17 façons différentes de paver un plan à l'aide d'un même motif géométrique – soit, dans le langage des mathématiques, 17 groupes de symétrie plane (en deux dimensions).

Il paraît en outre que ces 17 groupes de symétrie ont *tous* été découverts empiriquement par les artistes, comme on peut le voir dans les productions de tous les âges et de toutes les cultures, depuis les porcelaines peintes de Chine jusqu'aux plafonds des tombes égyptiennes et aux fresques ornant les murs de l'immémoriale Ninive.

Il paraît enfin que ces 17 formes de symétrie se trouvent *toutes* réunies sur les murs de ce palais des merveilles qu'est l'Alhambra de Grenade.

*

On sait l'influence déterminante qu'eurent sur l'art étrange et déroutant de Maurits Cornelis Escher ses visites répétées de l'Alhambra. Jusqu'en 1937, les longues pérégrinations de l'artiste néerlandais à travers l'Italie et l'Espagne se traduisirent par une série d'estampes paysagères qui n'eussent sans doute pas suffi à lui assurer la place si singulière qu'il occupe dans l'histoire de l'art. Après quoi, reparti se perdre dans les brumes du Nord, sevré de paysages lumineux, Escher détourna son regard de ce qu'il voyait autour de lui pour le fixer sur ce qu'il entrevoyait en lui – sur ce monde tout intérieur de possibilités picturales dont il avait trouvé la clef à l'Alhambra.

Escher, perfectionnant obstinément sa technique, devint le prince du remplissage périodique du plan, le maître ès pavages. Oiseaux au vol inverse, reptiles tournant en rond, gnomes blancs et noirs, tout lui était bon – à lui à qui l'islam n'interdisait pas, comme aux artistes maures de l'Alhambra, de figurer les créatures de la Création, *a fortiori* les êtres surnaturels. Mais l'homme était, comme son contemporain Borges, comme Cantor avant eux, obsédé par l'idée d'infini. *Suggérer* l'infini, « fixer » ce « vertige » (comme aurait dit Rimbaud), tel était son rêve. La répétition virtuellement infinie de figures s'emboîtant parfaitement les unes dans les autres, selon tel ou tel des 17 groupes de symétrie, resta pendant longtemps l'unique moyen qu'il avait trouvé pour ce faire. Mais, parvenu au sommet de son art, cette sorcellerie de la symétrie ne lui suffit plus. Il lui fallut davantage. C'est alors qu'il se souvint de la sphère. Pourquoi qualifions-nous si volontiers la sphère de figure *parfaite* ? Parce qu'elle nous offre l'image de *l'infini dans le fini.* C'est de la *tension* entre ces deux qualités antinomiques que naît l'idée de perfection.

Cette tension est le ressort secret de la série de gravures intitulées *Limites circulaires,* dont la plus admirable porte le numéro IV et date de 1960 (*Ciel et enfer*). En doublant la répétition à l'identique des deux mêmes motifs par leur rétrécissement progressif dans toutes les directions à partir d'un point central, Escher ne se contente plus de suggérer indirectement (au prix d'une opération de la raison) cet infini par définition irreprésentable : il fait mieux que cela – *infiniment* mieux, serais-je tenté de dire –, il nous le donne à *voir*. Et sous quelle forme choisit-il de nous montrer ce que nul avant lui n'avait réussi à circonscrire dans le cadre d'un tableau ou d'un dessin ? Celle d'un tourbillonnement de légions célestes et infernales, d'un inextricable entremêlement d'anges et de démons – ces anges et ces démons qui durent si souvent visiter Cantor en proie à ses délires mystiques.

L'hommage au Maître n'était peut-être pas voulu ; il n'en est pas moins beau.

Circle Limit IV, gravure sur bois (1960) de M. C. Escher.
© 2018 The M. C. Escher Company-The Netherland. All rights reserved. www.mcescher.com.

Interlude
Les pipes d'Einstein, rêverie enfumée

« Les bouffées bientôt se rassemblent en volutes. Un nuage enveloppe le fumeur comme un brouillard bleu. Il disparaît aux yeux du monde et, la fumée dissipée, on doit se rendre à l'évidence : il n'est plus là. »

Alain SCHIFRES, *Dictionnaire amoureux des menus plaisirs*, article « Pipe ».

Un homme entre deux âges est confortablement assis dans son fauteuil préféré, pipe aux dents. Un bras appuyé sur l'accoudoir, l'autre croisé sur sa poitrine, il mâchonne songeusement le tuyau de corne tout en enveloppant dans sa main le fourneau de bruyère lisse et chaud où les brins de tabac, tassés en un petit bloc compact et parfumé, rougissent comme par magie à intervalles plus ou moins réguliers. Un imperceptible grésillement s'échappe alors de la cavité ronde qu'ont patiemment noircie de longues heures de tabagie pensive, cependant qu'un filet de fumée gris clair s'exhale en lourdes volutes de la bouche entrouverte et s'en va paresseusement flotter devant les yeux du fumeur dont l'esprit ne perçoit déjà plus rien du monde qui l'entoure. Double et délicieux enveloppement du fourneau de la pipe par la main du fumeur, et de la tête du fumeur par la fumée de sa pipe.

Cet homme dont la moustache pas encore blanche mais déjà plus tout à fait brune disparaît derrière les épais nuages qu'il tire de sa bouffarde, est-ce encore la peine de le nommer quand tout le monde le reconnaît au premier coup d'œil ? Apprenez toutefois, cher lecteur, que vous le voyez ici chez lui, à Berlin, par une certaine après-midi de septembre 1919, alors qu'il vient de recevoir un télégramme de son maître et ami Hendrik Lorentz, ce grand physicien néerlandais dont les « transformations » éponymes avaient ouvert la voie à la théorie de la relativité restreinte. C'était il y a près de quinze ans… Et voici que Lorentz lui envoie à présent ce billet indiquant que les observations de l'astronome britannique Arthur Eddington au large des côtes de Guinée, lors de l'éclipse du 29 mai précédent, ont confirmé la courbure de rayons lumineux passant à proximité du Soleil, apportant du même coup la première preuve de la relativité générale.

« Albert Einstein, ou le fumeur de pipe plongé dans sa méditation », telle pourrait être la légende au bas de cette vignette de quatre sous – de cette jolie et naïve image d'Épinal, comme on savait encore en faire au début du siècle dernier, et comme on en trouvait alors partout, dans tous les manuels scolaires, dans tous les livres de prix, sur toutes les affiches de réclame.

Nous avons désappris à aimer les images d'Épinal ; désappris à leur faire confiance. Peut-être est-ce un tort. Je ne crois pas qu'elles nous induisent toujours autant en erreur qu'on le dit. Les poncifs ne seraient pas devenus des poncifs s'ils ne traduisaient pas une certaine vérité.

Mais revenons-en à notre « fumeur de pipe plongé dans sa méditation ». Einstein était un grand fumeur de pipe et – je pense que vous m'accorderez ce point – un grand méditatif. Notez bien, je vous prie, cette simple conjonction de coordination : « et » ; notez-la bien et, de grâce, ne lui faites pas dire ce qu'elle ne dit pas, à savoir qu'Einstein était un fumeur de pipe invétéré *parce qu*'il aimait à méditer ou, ce qui serait le comble du ridicule, qu'il était un profond penseur *parce qu*'il fumait la pipe. Le père de la théorie de la relativité savait mieux que personne que la relation de causalité est – comme la pipe – un instrument délicat qu'il convient de ne pas manier inconsidérément. Il nous faut donc redoubler de prudence si nous voulons aborder cette question ô combien sérieuse du rôle de la pipe dans l'éclosion et le mûrissement de la pensée d'Einstein.

Celui-ci vécut à une époque où la pipe tenait une place importante dans la physique théorique et appliquée (la situation changea dans la seconde moitié du XXe siècle, lorsque ses successeurs se mirent peu à peu à lui préférer l'ordinateur comme support de leurs méditations). En témoignent les pipes de Niels Bohr et d'Erwin Schrödinger, d'Edwin Hubble et de Robert Oppenheimer, pour ne citer qu'elles. Mais les physiciens et les cosmologistes n'avaient pas le monopole en la matière : zoologistes et ethnologues pouvaient à bon droit se réclamer de Konrad Lorenz et de Claude Lévi-Strauss, la confrérie des poètes se ranger derrière Guillaume Apollinaire et celle des musiciens derrière George Gershwin. Les philosophes ne furent pas en reste, et nombre d'entre eux sont passés à la postérité comme d'éminents pétuneurs : je ne mentionnerai que l'auteur du paradoxe du barbier et des *Principia mathematica*, Bertrand Russell, qui, outre l'amour de la pipe, partageait bien des choses avec le père de la relativité, à commencer par une haine viscérale des nationalismes, des uniformes, des musiques militaires et des bruits de bottes. Quant à Sigmund Freud, cet autre anticonformiste à qui Einstein, à la veille de l'arrivée de Hitler à la chancellerie, demanda par lettre ce qui poussait les hommes à se faire continûment la guerre, s'il fuma surtout le cigare (et en mourut), il lui arrivait aussi, plus souvent qu'à son tour, d'emboucher une pipe.

À ce point de l'énumération, il serait tentant de s'aventurer en des contrées moins certaines et d'évoquer aussi la célébrissime Calabash de Sherlock Holmes * ou la non moins fameuse « herbe à pipe » dont le philologue et poète J. R. R. Tolkien (grand fumeur lui-même) dota ses pacifiques et hédonistes Hobbits de la Terre du Milieu,

* A-t-on jamais remarqué que la pipe et le violon, les deux attributs du demi-dieu Holmes, sont aussi ceux du demi-dieu Einstein ?

mais n'allongeons pas inutilement la liste : les quelques noms qui précèdent suffisent à montrer que ce petit objet de bruyère ou d'écume, emprunté aux Indiens d'Amérique, a souvent été le fidèle compagnon de route de ces voyageurs immobiles que sont les penseurs. Image d'Épinal pour image d'Épinal, affirmons bien haut que la pipe est au savant, au poète et au philosophe ce qu'est le cigare au ploutocrate.

Cela posé, que pouvons-nous dire du rôle de la pipe dans la pensée d'Einstein ? Et, d'abord, qu'en a dit Einstein lui-même ? Au soir de sa vie, le Maître eut l'occasion de préciser son opinion sur ce point, lorsque la ville de Montréal lui fit l'honneur de l'admettre parmi les membres de son distingué Club des fumeurs de pipe.

> « Je suis convaincu que fumer la pipe aide à porter un jugement plutôt serein et objectif sur les affaires humaines[7] »

… déclara-t-il alors à son auditoire enfumé. Pas inintéressant, mais un peu décevant quand même, ne trouvez-vous pas ? Ceux qui avaient cru ce jour-là que le vieux savant allait tout bonnement livrer son secret, et révéler si le feu prométhéen qui brûlait en lui avait quelque chose à voir avec celui qui grésillait dans le fourneau de sa pipe, en furent pour leurs frais. Einstein se borna malicieusement à parler des « affaires humaines », ne soufflant mot de ces affaires proprement inhumaines qui l'avaient occupé tout au long de son existence. On aurait de beaucoup préféré qu'il dît quelque chose comme :

> « Je suis convaincu que fumer la pipe aide à porter un jugement plutôt serein et objectif sur la nature du Temps. »

… Mais non. Au demeurant, quel magicien consentirait ainsi à dévoiler ses tours ?

N'importe, je n'en reste pas moins persuadé que la pipe n'a pas fait qu'aider Einstein à « porter un jugement plutôt serein et objectif sur les affaires humaines », mais qu'elle l'a aussi aidé à percer les mystères de la nature, et que l'écran de fumée qu'elle créait autour de lui était précisément ce dont il avait besoin pour voir au-delà des apparences, pour mettre à nu les structures intimes du réel.

J'en veux pour preuve le témoignage crucial de sa sœur Maja qui nous apprend que, lorsque Albert était âgé d'une vingtaine d'années – c'est-à-dire au moment où germaient dans son esprit les idées révolutionnaires qui devaient d'ici peu mettre toute la physique sens dessus dessous –, il s'amusait longuement à « observer les formes étonnantes des nuages de fumée » que produisait sa pipe. Ce n'était d'ailleurs pas n'importe quelle pipe, mais, précise-t-elle, une pipe « longue d'une aune », cadeau de son père Hermann. Outre qu'un tuyau de cette longueur a pour effet notable de refroidir et d'adoucir la fumée, il imprime à l'objet une ligne gracieuse qui n'est pas sans rappeler celle des calumets que fumaient jadis, sous le tipi, les grands chefs indiens. Ce raffinement, cet exotisme en font la pipe de prédilection des dandys et des esthètes. Albert Einstein n'avait rien d'un dandy – sa négligence vestimentaire n'avait d'égale que sa simplicité de caractère – mais il était profondément, viscéralement, un esthète : ses équations, ses raisonnements sont là pour nous le prouver.

Écoutons-la, cette insolite pipe « longue d'une aune » que fumait ce tout jeune homme dont les fulgurantes intuitions allaient bientôt faire de lui le plus grand physicien de son temps, et peut-être de tous les temps. Penchons-nous sur le petit fourneau depuis longtemps refroidi et vidé de ses cendres, et tendons l'oreille aux mots qui en sortent. Les amateurs de poésie y reconnaîtront les tercets d'un certain sonnet de Baudelaire où c'est, pour une fois, la pipe qui parle de « son » fumeur :

« J'enlace et berce son âme
Dans le réseau mobile et bleu
Qui monte de ma bouche en feu,
Et je roule un puissant dictame
Qui charme son cœur et guérit
De ses fatigues son esprit[8]. »

*

C'est trop peu de dire qu'Einstein a fait honneur à cette élégante avec la série d'articles révolutionnaires adressés à la revue *Annalen*

Einstein et Szilárd à Nassau Point en 1946. Les deux hommes rejouent pour une émission télévisée leur célèbre rencontre de l'été 1939 qui avait abouti à la lettre dans laquelle Einstein exhortait Roosevelt à lancer la construction de la bombe atomique.
© *DR.*

der Physik entre mars et septembre 1905 – nous en reparlerons bien vite.

Sans doute resta-t-il toute sa vie profondément attaché à cette pipe singulière, peut-être même était-elle pour lui une sorte de fétiche, car on la lui voit encore à la bouche sur diverses photographies datant des époques ultérieures de son existence, comme celle qui le montre en 1946 à Nassau Point, Long Island, en compagnie du physicien hongrois Leó Szilárd : les deux hommes avaient accepté de rejouer pour l'émission télévisée *March of Time* leur célèbre rencontre de l'été 1939, lorsque Szilárd était venu trouver Einstein afin de lui demander de signer une lettre exhortant le président Roosevelt à ne pas se laisser distancer par l'Allemagne nazie dans la course à l'exploitation militaire de la réaction en chaîne – grave « affaire humaine » s'il en est quand on sait que s'ensuivront le projet Manhattan et les bombes atomiques sur Hiroshima et Nagasaki.

Toutefois, sur la grande majorité des clichés – et c'est peu dire qu'Einstein n'aura pas été épargné par les flashs ! –, ce n'est pas cette pipe quelque peu extravagante qu'il fume ou sort de sa poche, mais une plus ordinaire : celle, commune et pourtant unique, que les fumeurs du monde entier appellent avec attendrissement leur « bonne vieille pipe ».

Ces innombrables photos nous enseignent qu'Einstein fumait tantôt de ces petites pipes droites dont le fourneau vertical fait un coude avec le tuyau, tantôt de ces pipes incurvées dont la silhouette dessine un S plus ou moins reconnaissable, et que leur centre de gravité, situé plus bas, fait paraître plus légères en bouche. Les amateurs, qui se piquent volontiers d'anglomanie, appellent les premières des *straight* et les secondes des *bent*. Toutes deux paraissent avoir eu alternativement les faveurs d'Einstein, avec peut-être un léger avantage pour ces *straight* au fourneau arrondi en forme de pomme dénommées *apples*. C'est du moins la conclusion à laquelle semble être arrivée la célèbre maison londonienne Dunhill qui, pour le centième anniversaire de la relativité restreinte, en 2005, fabriqua à cent cinquante exemplaires une *apple* aux lignes épurées, numérotée 133, dont le tuyau d'ambre s'orne de l'équation-totem, $E = mc^2$.

Je serais curieux de savoir combien de ces pipes, *bent* ou *straight*, Einstein a fumées au cours des huit années d'efforts opiniâtres qui, de 1907 à 1915, le virent gravir la pente abrupte séparant le déjà haut plateau de la relativité restreinte des cimes inviolées de la relativité générale, avec pour seul viatique sa ration quotidienne de tabac. Cela se chiffre vraisemblablement en milliers, voire en dizaines de milliers de pipes. Ne serait-ce pas d'ailleurs une unité de compte intéressante ? Modèle atomique de Bohr : 998 pipes ; équation de Schrödinger : 1 127 pipes ; bombe A : 10 013 pipes (ils étaient nombreux, à Los Alamos)…

Mais encore une fois je m'égare. Revenons à l'objet lui-même, à cette pipe toute simple, banale, avec fourneau de bruyère et tuyau d'ébonite – cette pipe dans laquelle Magritte voyait autre chose qu'une pipe – et demandons-nous plutôt ce qui en fait le prix. D'aucuns évoqueront la qualité des matériaux, d'autres, le savoir-faire de l'artisan ; je crois pour ma part que c'est le temps. Il en faut beaucoup avant qu'une pipe vienne à la vie et remplisse auprès du fumeur son mystérieux office. Le temps de sa fabrication, en premier lieu : la bruyère ne pousse pas en un jour. Arbuste sauvage ne se rencontrant qu'en altitude dans les maquis qui couvrent les pourtours de la Méditerranée, l'*Erica arborea*, c'est son nom savant, doit d'abord grandir pendant une trentaine d'années, pas moins ; alors seulement son broussin – cette masse ligneuse affleurant le sol, entre tronc et racines – est devenu suffisamment gros pour fournir la matière à une pipe, ou plutôt à une ébauche de pipe à laquelle les mains expertes des polisseuses se chargeront ensuite de donner sa forme définitive. Mais l'objet, une fois fabriqué et dûment acquis, n'est pas prêt encore : il doit maintenant être apprivoisé par son nouveau propriétaire. Le temps du culottage commence, qui durera une bonne vingtaine de pipes. Ce n'est qu'au terme de cette période intermédiaire, demandant au fumeur doigté et patience, que la pipe sera devenue *sa* pipe. Encore ledit fumeur devra-t-il, chaque fois qu'il souhaitera en faire usage, procéder au petit rituel préalable dont l'ordre est immuable et la durée, incompressible : curer la pipe, dérouler la blague à tabac, en extraire quelques pincées d'herbe à Nicot, tasser les brins entortillés dans le fourneau, y porter la flamme, tirer deux ou trois bouffées d'amorçage, rallumer la rétive mixture…

Tout ce temps n'est pas du temps perdu. Il ne s'est pas envolé sans retour, comme le font tous les autres instants : il est là, secrètement tapi dans le petit fourneau, et c'est lui – lui seul – qui donne à la fumée de la pipe son vrai parfum, sa saveur inimitable. *Avec une pipe, en sus du tabac, c'est du temps que le fumeur fume.*

La pipe est cet étrange objet, prolongement quasi naturel de la tête du fumeur, *qui concentre une très grande quantité de temps en un tout petit volume d'espace.* J'émets l'hypothèse hardie que c'est là ce qui en elle charmait tant Einstein ; et cette autre hypothèse, plus hardie encore, que c'est justement à cela qu'il songeait en cette après-midi de septembre 1919, tandis que, voluptueusement enfoncé dans son fauteuil, il nappait le plafond de son intérieur berlinois d'une onctueuse fumée grise.

Les portes du temps

L'Aigle du temple

Où il semble qu'il y ait un hic avec le nunc.

« Le temps est un aigle agile dans un temple. »

Robert DESNOS, *Rrose Sélavy.*

Héraclite d'Éphèse a imposé dans l'inconscient collectif le temps à l'image d'un fleuve – celui dans lequel on ne se baigne jamais deux fois. Image séduisante mais, nous le verrons, éminemment trompeuse. Aussi vous en proposerai-je une autre, cher lecteur : figurez-vous le temps comme quelque grande et lourde porte de bronze. La porte à double vantail d'un temple. Le temple des Paradoxes.

Nous avons tous intuitivement une idée « claire et distincte » (pour parler comme Descartes) de ce qu'est l'instant présent. L'instant présent, c'est ici et maintenant. *Hic et nunc,* dit la locution latine. Mais cette idée claire et distincte, mieux vaut ne pas l'examiner de trop près. Ce très fugace instant présent qui ne s'arrête jamais sur rien, mieux vaut ne pas trop s'arrêter sur lui non plus, sans quoi nous nous rendrions vite compte qu'il y a un hic avec le *nunc*. Que ce point sur la ligne du temps, ce point sans extension à quoi se résument pourtant tout notre rapport au monde, toute notre expérience sensible de l'Être, tout notre sentiment d'exister, n'est pas seulement cet insaisissable fugitif derrière lequel ne cessent de courir les grandes aiguilles des horloges, il est aussi un défi à notre entendement. Qu'il constitue, à lui seul, un inextricable paradoxe. Si vous aviez l'ouïe assez fine pour percevoir ce que murmure la grande aiguille des secondes tandis qu'elle fait imperturbablement sa ronde, vous l'entendriez peut-être vous dire ceci :

JE NE SUIS
QU'EN CESSANT D'ÊTRE

… ou ceci :

TOUT NE DURE QU'À TRAVERS MOI
QUI NE DURE PAS

*

Ces phrases sibyllines, vous les avez maintenant devant les yeux, car ce sont celles qui se trouvent gravées sur la porte de ce temple dont je vous parlais. Vous l'entrouvrez et pénétrez à l'intérieur. Une fraîche pénombre vous y accueille. Et un vieil homme auréolé de cheveux blancs.

Qui vous tire malicieusement la langue…

MCMV, *annus mirabilis*

Où la simultanéité absolue tombe de son piédestal newtonien et entraîne dans sa chute durées et longueurs.

> « Toute vérité nouvelle naît malgré l'évidence, toute expérience nouvelle malgré l'expérience immédiate. »
>
> Gaston BACHELARD,
> *Le Nouvel Esprit scientifique.*

L'attrait exercé par les théories d'Einstein sur tant de non-physiciens (dont je suis) est à la mesure du mystère dont s'enveloppe le concept de temps ; et il lui est consubstantiellement lié.

Pas moyen d'y couper : pousser cette lourde porte, s'enfoncer dans la pénombre de ce temple, c'est y trouver Einstein. Ce vieil homme auréolé de cheveux blancs, qui nous accueille en tirant la langue.

Il n'a pas toujours ressemblé à cette image iconique de lui-même – à cette image de lui « tel qu'en lui-même l'éternité le change », comme dirait Mallarmé.

Avant de devenir ce facétieux vieillard, Einstein a été comme tout le monde un jeune homme. Un obscur jeune homme, perdu parmi la foule des jeunes hommes de son temps. Jeune marié, jeune père de famille et, de son état, expert technique de troisième classe au Bureau des brevets de Berne.

Et c'est lui, cet obscur jeune homme, cet humble employé d'une paisible administration suisse (je ne puis m'imaginer une administration suisse autrement que paisible, mais peut-être ai-je tort) qui va, entre mars et septembre 1905, adresser à la revue scientifique allemande *Annalen der Physik* une série de quatre articles si stupéfiants de nouveauté, d'audace, de beauté et de profondeur qu'ils faisaient *de facto* de leur auteur, âgé de seulement 26 ans, le plus grand physicien que la Terre ait porté depuis Newton.

Le premier, arrivé dans le courrier du 18 mars et intitulé « Sur un point de vue heuristique concernant la production et la transformation de la lumière », bouleversait deux siècles de certitudes laborieusement acquises sur la nature de ce phénomène bien plus obscur qu'il n'y paraît, la lumière, et donnait le coup d'envoi à l'une des deux révolutions que connaîtra la physique au cours du XXe siècle, je veux parler de la révolution quantique. Le deuxième, reçu le 11 mai et portant sur le mouvement brownien, fournissait la première preuve théorique de l'existence des atomes et des molécules : elle sera vérifiée expérimentalement par le physicien français Jean Perrin en 1912. Le troisième, « Sur l'électrodynamique des corps en mouvement » (30 juin), est tout simplement l'article fondateur de la première théorie de la relativité (celle que l'on qualifiera rétrospectivement de *restreinte*) ; il reléguait au cimetière des idées mortes une notion qui remontait à la plus haute Antiquité grecque et avait accompagné toute la physique depuis lors, celle d'« éther », et mettait à bas les concepts newtoniens d'un espace et d'un temps absolus et indépendants l'un de l'autre. Quant au quatrième et dernier opus, « L'inertie d'un corps dépend-elle de son contenu en énergie ? » (27 septembre), il suggérait que la matière et l'énergie, ces deux catégories fondamentales de la physique, devaient en réalité, comme l'espace et le temps, être pensées ensemble et non séparément car il existait entre elles une profonde affinité, si profonde à la vérité que l'une était tout bonnement *équivalente* à l'autre : c'est cette équivalence qui se trouve cristallisée dans l'équation la plus célèbre de tous les temps, $E = mc^2$.

Imaginez-vous bien cela, cher lecteur ? Quatre articles, adressés en l'espace d'une demi-année par un jeune homme inconnu – pas même universitaire – à une prestigieuse revue scientifique, et c'étaient à peu près *toutes* les cartes de la physique qui se trouvaient subitement rebattues, tous les objets constitutifs de cette science – lumière, matière et énergie, espace et temps – qui devaient être entièrement repensés ; l'employé subalterne d'une quelconque administration suisse venait tout à coup de dessiller les yeux de ses contemporains sur la véritable nature du monde, de leur donner à voir le vrai visage des lois qui le gouvernent. On a coutume de résumer ce prodige en disant que 1905 fut l'*annus mirabilis* d'Einstein, comme 1666 avait été celle de Newton.

*

Laissons provisoirement de côté l'article du 18 mars sur la nature de la lumière, passons sur celui du 11 mai relatif au mouvement brownien, et jetons un œil, si vous le voulez bien, à celui du 30 juin. C'est l'article fondateur de la relativité (dans sa version restreinte). Je devrais peut-être être plus précis et dire : de la relativité einsteinienne (dans sa version restreinte). Car la relativité n'est pas née avec Einstein en 1905. Elle est née près de trois siècles plus tôt, en même temps que la physique moderne. C'est de la publication, à Florence en 1632, du *Dialogue sur les deux grands systèmes du monde* de Galilée que les physiciens datent généralement la naissance de leur science ; et c'est dans ce livre que se trouve pour la première fois exposé le « principe de relativité » qui veut qu'un mouvement s'accomplissant en ligne droite et à vitesse constante (les physiciens appellent cela un mouvement « inertiel », car dénué de toute accélération) soit « comme nul ». On pourrait presque dire que *toute* la physique moderne, c'est-à-dire postaristotélicienne, découle de ce principe de relativité, lequel était, en cette première moitié du XVIIe siècle, en complète rupture avec la conception que les commentateurs et continuateurs d'Aristote se faisaient du mouvement. La mécanique newtonienne, héritière des découvertes de Galilée (et que celles d'Einstein viendront un jour détrôner), était déjà une théorie de la relativité. Cette précision faite, poursuivons.

Formulé ainsi, le principe de relativité a l'air bien anodin. Il explique par exemple – c'est celui qu'en donne Galilée lui-même – que des papillons qui volettent dans les cales d'un navire n'ont pas plus d'efforts à faire pour se maintenir en l'air si le navire vogue (en ligne droite et à vitesse constante) de Venise à Alep que s'il reste à l'ancre dans le port de la Sérénissime. On trouve une autre formulation de ce même principe sous la plume de Newton, qui en fit le cinquième corollaire de ses *Philosophiæ naturalis principia mathematica* : il n'existe aucune expérience permettant de détecter un repos absolu ou un mouvement rectiligne uniforme – ce qui revient à dire exactement la même chose que Galilée. Troisième version possible : si A et B accomplissent des expériences de physique identiques à l'intérieur de « référentiels » – bateaux, trains… – en mouvement rectiligne uniforme l'un par rapport à l'autre, ils doivent obtenir des résultats identiques.

Sous quelque forme qu'on le considère, ce principe de relativité ne fut jamais pris en défaut. Mais les choses se corsèrent avec l'avènement de la théorie électromagnétique de Maxwell, dans les années 1860. Cette théorie décrit la lumière comme étant une onde électromagnétique se propageant à travers une hypothétique substance luminifère appelée l'éther (un peu à la façon d'une onde sonore dans l'air, ou d'une vague à la surface de l'eau). D'après cette théorie, la vitesse de propagation de la lumière dans l'éther lumineux, c'est-à-dire dans le vide puisque l'éther était supposé de nature immatérielle, est invariante : notée *c*, elle vaut toujours, approximativement, 300 000 km/s (très précisément, la lumière parcourt à chaque seconde, dans le vide, 299 792 458 m) *.

Bien qu'il ait salué les travaux de Maxwell comme les « plus profonds et fructueux que la physique ait connus depuis le temps de Newton », Einstein ne croyait pas en l'existence de l'éther. Il le déclare à sa manière dès les premières lignes de son article de mars : « L'introduction d'un éther lumineux se révélera superflue. »

Cependant, tout sceptique qu'il fût sur l'existence de l'éther, Einstein partageait avec Maxwell la conviction que la vitesse de propagation de la lumière (dans le vide) est invariante. Mais cette invariance de c lui posait un sérieux problème au regard du principe de relativité galiléen.

Dans le petit livre de vulgarisation qu'il a publié en 1916 pour partager sa théorie avec le grand public, il s'en explique en termes limpides. Et il utilise pour cela une expérience de pensée, dite « du train », qu'il développe tout au long de l'ouvrage. Imaginons, dit-il, un train qui se déplace sur des rails rectilignes à une certaine vitesse v. Et imaginons que l'on envoie parallèlement à ces rails, depuis un point du talus situé à l'arrière du train, un faisceau lumineux. Ce rayon de lumière a, relativement au talus (et abstraction faite de l'air), une vitesse de 300 000 km/s. Question : quelle vitesse a-t-il relativement au train ?

On serait tenté de répondre en appliquant le théorème de la composition des vitesses, celui dont nous usons intuitivement pour calculer, par exemple, la vitesse relative de deux voitures se doublant sur une route : relativement au train, la vitesse de la lumière devrait être de $c - v$. Mais, prévient Einstein, cette réponse qui s'impose à nous avec la force de l'évidence entre en contradiction avec le principe de relativité galiléen.

* En particulier, cette vitesse ne dépend pas du mouvement de la source qui a émis la lumière, ce qui est le propre de tout phénomène ondulatoire : une fois l'onde partie, quelle que soit la façon dont elle a été émise, elle est « portée » par son milieu ambiant (l'eau, l'air, l'éther…) à la vitesse commune à laquelle les ondes s'y propagent.

Nous en avons donné trois versions différentes. En voici une quatrième, qui est celle utilisée par Einstein lui-même dans son ouvrage de vulgarisation ; elle est à la fois plus simple et plus profonde : si une loi de la nature « dit » quelque chose dans un référentiel donné, elle doit dire la même chose dans un autre référentiel se déplaçant par rapport au premier selon un mouvement rectiligne uniforme.

Ce qui est le cas du train par rapport au talus. Donc, puisqu'il existe une loi de la nature nous disant que la lumière se propage toujours à la vitesse de 300 000 km/s, cette loi doit rester vraie si c'est le train lui-même, et non plus le talus, que nous choisissons comme référentiel. Selon le principe de relativité, la vitesse de la lumière relativement au train doit être la même que relativement au talus : elle doit valoir c, et non $c - v$.

Respecter le principe de relativité à la lettre, comme Einstein était enclin à le faire, revenait donc à considérer qu'un rayon de lumière qui fuserait en direction d'un objet matériel lui parviendrait toujours aussi vite, quelle que soit la vitesse avec laquelle cet objet matériel fuirait devant lui. Inversement, si c'est le rayon lumineux qui fuit devant l'objet matériel, il le fuirait toujours à la vitesse de 300 000 km/s, quelle que soit la vitesse avec laquelle l'objet matériel s'élancerait dans sa direction. Ce qui ferait de la lumière une sorte d'horizon indépassable, qui recule devant nous à mesure que nous avançons vers lui, et dont nous ne nous rapprochons jamais d'un pas.

Telles étaient les idées qui s'agitaient dans la tête du jeune Einstein tandis qu'il exerçait ponctuellement son office d'expert technique de troisième classe au Bureau des brevets de Berne en ce début du XXᵉ siècle. Et c'est alors que le « miracle » (n'ayons pas peur du mot) se produisit. Il entrevit soudain, en un éclair, la pleine mesure de la signification de cet état de fait.

Comment ? Grâce à une discussion à bâtons rompus qu'il eut lors d'une certaine « belle journée » dont la date exacte s'est malheureusement perdue avec l'un de ses plus proches amis. L'ami en question, c'est le physicien d'origine italienne Michele

Angelo Besso : les deux jeunes hommes, qui partageaient le même amour de la musique, s'étaient rencontrés durant leurs études à l'École polytechnique fédérale de Zurich ; ils sont ensuite devenus collègues au Bureau des brevets de Berne. Einstein ne devait jamais oublier cette conversation avec celui qui, ce jour-là, « [l']aida à [s']en sortir » :

> « Je lui rendis visite par une belle journée pour lui parler de mon problème. [...] Nous commençâmes à discuter ses divers aspects. Et tout à coup, je compris. [...] L'analyse du concept de temps, telle était la solution. Cinq semaines après, l'élaboration de la relativité restreinte était achevée[9]. »

Ce qu'Einstein, dans le feu de cette discussion, venait d'entrevoir subitement, c'est que faire de la vitesse de la lumière une constante absolue, ne dépendant pas plus du mouvement du récepteur (l'objet matériel auquel cette lumière parvient) que de celui de l'émetteur (la source lumineuse qui l'a produite), avait une conséquence inéluctable, quoique à peine croyable. Elle entraînait nécessairement l'abandon d'une de nos croyances les mieux ancrées, car les plus intuitives, quant au « concept de temps » : celle que nous avons dans le caractère absolu, universel, de la simultanéité.

Voici comment Einstein résume cette très déroutante conclusion dans son petit livre de 1916 :

> « Des événements qui sont simultanés par rapport à la voie ferrée ne sont pas simultanés par rapport au train, et inversement [...]. Chaque corps de référence [...] a son temps propre ; une indication de temps n'a de sens que si l'on indique le corps de référence auquel elle se rapporte[10]. »

Nous pouvons le croire sur parole quand il affirme cela. Mais nous pouvons aussi, si nous le préférons, refaire pas à pas les premières étapes de l'expérience de pensée du train qui le démontre ; les curieux la trouveront en appendice du présent ouvrage.

En comprenant que l'apparente contradiction des deux principes qu'il avait érigés en postulats de départ – principe de relativité et invariance de la vitesse de la lumière – ne devait pas être levée en sacrifiant l'un des deux termes, mais en abandonnant une idée aussi évidente que le caractère absolu de la simultanéité, Einstein a fait ce petit pas de côté qui est un bond de géant, ce petit pas de côté que seul un génie de son envergure était capable de faire, et qui, donnant à voir le problème sous un autre angle, permet d'en trouver la solution.

La relativité de la simultanéité est la pierre angulaire à partir de laquelle Einstein, outillé de ses deux seuls postulats, et toujours en s'aidant de son expérience de pensée du train, va édifier toute la théorie de la relativité restreinte. Ses déductions, pour implacables qu'elles soient, sont si contraires au sens commun qu'elles n'ont toujours pas, plus de cent ans plus tard, franchi les limites de l'étroite sphère des physiciens. Ainsi démontre-t-il que, si A et B sont en mouvement rectiligne uniforme l'un par rapport à l'autre, A trouvera que l'horloge de B retarde sur la sienne ; on serait naturellement tenté d'en conclure que, du point de vue de B, l'horloge de A avancera d'autant, mais c'est l'inverse qui est vrai : B trouvera lui aussi que l'horloge de A retarde sur la sienne ! C'est le phénomène de dilatation des durées. De même pour les longueurs, qui raccourcissent dans la direction du mouvement des objets : A constatera que les unités longitudinales de B se sont contractées par rapport aux siennes, tandis que B, de son côté, fera exactement le même constat. Ainsi, outre la relativité du temps (privé de simultanéité et de durées absolues), Einstein venait-il d'établir celle de l'espace. Le temps et l'espace : deux concepts au fondement même de la physique, et dont la radicale transformation (d'absolus en relatifs) ne devait à peu près rien laisser debout de l'élégant édifice théorique élevé par Newton ; l'article du 30 juin 1905 fut un formidable tremblement de terre.

Croyez-en Einstein ou ne le croyez pas, mais c'est ainsi : contrairement à ce que pensait Newton, il n'existe pas, il *ne peut pas* exister d'horloge absolue qui battrait la seconde et la mesure pour tout ce qui existe, la même seconde et la même mesure d'un bout à l'autre de l'univers. Tout objet matériel – vous, moi, ce fauteuil dans lequel vous êtes assis, ce nuage qui passe paresseusement dans le ciel... – possède un temps qui lui est propre. Et plus cet objet matériel se déplace vite dans l'espace, plus son temps propre ralentit par rapport à un autre demeurant immobile ou se déplaçant moins vite que lui.

La contrepartie de ce violent et subit bouleversement, c'est, encore une fois, la levée de l'apparente contradiction entre le principe de relativité qui fonde toute la mécanique depuis Galilée et Newton, et cet autre pan majeur de la physique qu'est la théorie électromagnétique ; dans la partie la plus mathématique de son article, Einstein montre comment ces nouvelles notions de temps et d'espace réconcilient les équations de Maxwell avec le principe de relativité : celui-ci régit aussi bien la lumière que la matière, autant dire toute la physique. Une telle unification ne pouvait être pour Einstein, cet esthète supérieurement sensible à l'harmonie et à l'intelligibilité du monde, qu'une grande et profonde joie – et la plus sûre preuve de la validité de sa théorie.

Le physicien termine son article sur ces mots, rare exemple d'hommage rendu par un génie au confident de ses difficultés et de ses doutes :

> « En conclusion, je voudrais dire qu'en travaillant au problème ici abordé, j'ai bénéficié de la fidèle collaboration de mon ami et collègue M. Besso, et que je lui suis redevable de plusieurs suggestions précieuses[11]. »

L'Office suisse des brevets ne fut pas non plus ingrat : le 1er avril (*sic !*) 1906, l'employé Einstein Albert était promu expert technique de deuxième classe.

À montres molles, discordances gémellaires

Où un certain M. Langevin devient le père de bien étranges jumeaux.

Longtemps le temps n'a été qu'une affaire de clocher de village, et tout allait très bien. On se souciait peu que le Soleil, dans sa course d'est en ouest à travers le ciel, ne fût pas au zénith au même moment ici et là-bas. On vivait dans le temps d'ici – celui indiqué par l'horloge en haut du clocher – et, comme on n'en sortait guère, on se moquait bien du temps qu'il était là-bas, plus à l'est ou plus à l'ouest.

Et puis le télégraphe est arrivé, des transatlantiques de plus en plus véloces ont sillonné l'océan, la Terre s'est striée de chemins de fer. Et il a bien fallu, sous peine de cacophonie, s'entendre sur les horaires des trains de gare en gare, ceux des bateaux de port en port. Il a bien fallu synchroniser les horloges de toutes les villes du monde, de Moscou à Paris et de Londres à New York.

De Moscou à Paris et de Londres à New York, les ingénieurs ont débattu longtemps du meilleur moyen d'y parvenir. Leurs discussions ont abouti à la Conférence internationale de Washington de 1884 (Einstein avait 5 ans), au cours de laquelle fut prise la décision de diviser le globe terrestre en vingt-quatre fuseaux horaires, et de choisir le méridien de Greenwich comme méridien zéro. Ce découpage en tranches napolitaines et la standardisation du temps qui en résultait remettaient enfin un peu d'ordre dans le désordre. Il cessait d'être partout midi à 14 heures. Les voyageurs, touristes ou hommes d'affaires pouvaient voyager tranquillement.

Et voici que, patatras ! moins d'une génération plus tard, cet impudent d'Einstein, que personne n'a vu venir, déboule sur la scène et sur le monde pour y clamer haut et fort qu'il est impossible de synchroniser parfaitement les horloges ! Que le temps absolu de Newton n'existe pas ! Que chaque horloge a nécessairement le sien ! On imagine la bobine de tous ces braves ingénieurs, eux dont la grande œuvre avait justement été, en cette fin du XIXe siècle, de donner sa pleine mesure technique au temps de Newton… – Quoi, Chronos se rirait-il de nous ?…

Oui, il se riait d'eux. De ces hommes assez confiants dans les assises théoriques de la mécanique newtonienne et dans la précision croissante de leurs rouages d'horlogerie pour croire qu'ils avaient maîtrisé le temps. Un demi-siècle après la triomphante Conférence de Washington, Salvador Dalí, traduisant la relativité einsteinienne en une saisissante image, inventait ses fameuses « montres molles ».

Mais comment Chronos a-t-il pu leur jouer ce tour ? Pourquoi ne se sont-ils rendu compte de rien, tous ces pointilleux messieurs ? Et pourquoi, encore aujourd'hui – plus de cent ans après la révélation d'Einstein ! –, demeurons-nous si incrédules quant à la non-existence d'un temps unique, le même pour tout et pour tous ?

Tout simplement parce que, aux vitesses auxquelles nous autres humains nous mouvons dans l'espace, même lorsque nous nous trouvons à bord d'un avion, ce décalage temporel est infime, imperceptible. Mais il existe. Et deviendrait manifeste, très manifeste même, si nous nous déplacions à une vitesse proche de celle de la lumière. Ce qui, heureusement pour la clarté de nos agendas, ne se fera pas de sitôt.

Résumons. La notion de simultanéité est une notion toute relative. Et il en résulte que les durées et les longueurs le sont aussi. Aux vitesses « relativistes » – comprendre : non négligeables par rapport à celle de la lumière –, le temps se dilate et l'espace se contracte ; tout se passe comme si l'un se convertissait pour partie en l'autre, selon un taux de change universel correspondant à *c* : 300 000 kilomètres d'espace pour une seconde de temps.

*

Avouez que tout cela est quand même bien un peu étrange. « Contre-intuitif », comme disent volontiers les physiciens. L'un d'entre eux, Paul Langevin, a ramassé l'essentiel de cette révolution conceptuelle sous la forme d'un apparent paradoxe (« apparent » car il n'en est un que pour notre bon sens), passé à la postérité sous le nom de paradoxe des jumeaux.

Formulée dès 1911, cette expérience de pensée qui fit de Langevin l'un des tout premiers vulgarisateurs des théories d'Einstein met en scène deux jumeaux dont l'un s'embarque à bord d'une fusée dotée de propulseurs surpuissants pour y effectuer un voyage de six mois jusqu'au-delà des confins du Système solaire, tandis que l'autre reste sagement sur Terre à attendre son retour. Les propulseurs sont vraiment très, très puissants : la fusée sillonne l'espace à, disons, 87 % de la vitesse de la lumière. Pourquoi 87 % ? Parce qu'à une telle allure le temps se dilate d'un facteur 2. Lorsqu'une seconde s'écoule pour le jumeau voyageur, deux se sont écoulées pour son frère sédentaire. Telle une comète, la fusée décrit une longue et belle boucle autour du Soleil, jusqu'au lointain nuage d'Oort, puis revient se poser à l'endroit d'où elle était partie. Les jumeaux se retrouvent… mais peut-on encore les appeler des jumeaux alors que leur âge diffère à présent d'une demi-année, l'un (celui qui n'a pas quitté le plancher des vaches) ayant vieilli deux fois plus que l'autre ?

Et si les propulseurs de la fusée avaient été encore plus puissants, si le jumeau cosmonaute avait voyagé durant six mois non pas à

87 % mais à 99,995 % de *c*, son frère aurait dû attendre cinquante ans avant de le revoir… À de telles vitesses, voyager dans l'espace revient à voyager dans le temps, en direction du futur.

À celles et ceux qui découvrent le paradoxe des jumeaux et que celui-ci laisse abasourdis, je précise qu'il ne s'agit pas que d'une vérité de papier. Les calculs ont été vérifiés – et validés – par l'expérience. En 1971, deux Américains, le physicien Joseph Hafele et l'astronome Richard Keating, ont comparé les temps donnés par deux horloges atomiques, parfaitement synchronisées au début de l'expérience mais dont l'une fut ensuite embarquée à bord d'un avion tandis que l'autre attendait à l'aéroport ; au terme du vol, les deux horloges accusaient un décalage de quelques milliardièmes de seconde, en parfait accord avec les prévisions de la théorie d'Einstein.

*

Ce cosmonaute imaginaire qui, en voyageant à 87 % de la vitesse de la lumière, a vieilli deux fois moins vite que son frère jumeau demeuré sur Terre, ces horloges atomiques qu'un petit tour en avion suffit à désynchroniser, ont révélé à la face du monde ce qu'il y a de magie dans la science, de merveilleux dans le réel.

Avec Einstein, et pour la première fois dans l'histoire de l'humanité, la troublante question du temps a quitté la sphère des spéculations pures (saint Augustin, Leibniz, Kant…) pour entrer dans celle du quantifiable, du mesurable, du tangible.

Est-ce à dire que, le premier dans l'histoire de l'humanité, Einstein a percé le mystère du temps ? Que, dans les tréfonds du temple, l'« aigle agile » lui a livré son secret ? Ou ne vous semble-t-il pas plutôt que, depuis 1905, le mystère n'a fait au contraire que s'épaissir un peu plus ?…

L'autre nom de l'éternité

Où l'on tire une curieuse conclusion de ce qui précède.

Au risque de radoter, répétons l'incroyable message d'Einstein : le temps propre d'un objet matériel ralentit à mesure qu'il se déplace plus vite dans l'espace ; et il irait jusqu'à s'immobiliser complètement si cet objet matériel pouvait se déplacer à la vitesse de la lumière (ce qui, justement parce qu'il est matériel, lui est impossible).

Cela ne revient-il pas à dire que le temps est, en quelque sorte, la *malédiction de la matière* et que la lumière elle-même, n'étant pas de nature matérielle, est, quant à elle, *hors du temps ?*

La lumière n'est-elle pas, dès lors, l'autre nom de l'éternité ?

—

Le cygne fantôme

Où la distinction entre passé, présent et futur se révèle être une illusion.

> « Le vierge, le vivace et le bel aujourd'hui
> Va-t-il nous déchirer avec un coup d'aile ivre
> Ce lac dur oublié que hante sous le givre
> Le transparent glacier des vols qui n'ont pas fui !
> Un Cygne d'autrefois se souvient que c'est lui
> Magnifique mais qui sans espoir se délivre
> Pour n'avoir pas chanté la région où vivre
> Quand du stérile hiver a resplendi l'ennui… »
>
> Stéphane MALLARMÉ, *Poésies.*

Le versant physique de la théorie de la relativité restreinte – l'absence de simultanéité absolue, les deux phénomènes corrélés de dilatation des durées et de contraction des longueurs, l'attribution à chaque objet matériel d'un temps propre – déroule sous nos yeux un paysage étrange, stupéfiant ; mais son versant métaphysique mérite lui aussi d'être embrassé du regard.

En 1905, Einstein n'a pas seulement introduit dans l'histoire de la philosophie une nouvelle métaphysique du temps, s'ajoutant aux métaphysiques antérieures. Il a fait table rase. Cette théorie de la relativité restreinte est l'exemple archétypal de ce que les pionniers de la physique quantique Fritz London et Edmond Bauer ont appelé en 1939 une « découverte philosophique négative » : depuis 1905, seules méritent d'être considérées les métaphysiques du temps qui tiennent compte de la relativité de la simultanéité et des durées – pour ne pas dire celles dont cette relativité constitue le point de départ, et qui en découlent tout entières.

Dans la vision du temps – et de la réalité – qui se révèle à la lumière de la théorie de la relativité restreinte, vision qui sera confirmée et étendue dix ans plus tard par la relativité générale, l'instant présent n'a pas de statut objectif particulier qui le distinguerait de tous les autres points de la ligne du temps, de tous les autres instants passés ou futurs.

Cela est simple à comprendre. Que signifie, en effet, la relativité de la simultanéité ? Que ce qui *nous* est présent à l'instant *t* n'existe plus, ou pas encore, pour un observateur en mouvement par rapport à nous ; que le « présent » de l'un est *encore* le « futur » d'un autre et *déjà* le « passé » d'un troisième. Ce qui signifie qu'il n'y a pas de « présent du monde », pas de moment unique par rapport auquel se définiraient un passé (qui n'est plus) et un futur (qui n'est pas encore) ; la tripartition du temps en passé, présent et futur n'a de sens que relativement à un observateur donné. Dans l'absolu, tous ces moments que nous répartissons en passé, présent et futur, en n'accordant de réalité qu'au seul moment présent – *tous ces moments coexistent de toute éternité.*

Que le passé et le futur ne nous *paraissent* pas doués du même degré de réalité que le présent, cela est certain. Mais cette moindre réalité n'est-elle pas, précisément, qu'une apparence, une apparence trompeuse ? l'effet de quelque illusion d'optique ? ou même, tout simplement, de la distance ? L'horizon lointain et vaporeux ne me paraît-il pas moins réel que la terrasse depuis laquelle je le contemple, avec ce gravier qui crisse sous mes pas et ce papillon qui volette capricieusement à l'entour d'un parterre de fleurs ? Je ne me laisse pas abuser par cette impression car je sais bien que, si je pouvais d'un bond sauter de cette terrasse à la région boisée de l'horizon, je n'y trouverais pas ce rideau brumeux et indistinct se détachant à peine du ciel, mais de vrais arbres avec de vraies branches et de vraies feuilles, et peut-être même d'autres papillons... Pourquoi n'en serait-il pas de même du passé et du futur, ces deux horizons opposés ?

*

Même si nous voyons toutes choses à travers lui, le présent n'est jamais qu'une minuscule lucarne sur le réel. Tenir l'infime parcelle de réalité que cette minuscule lucarne nous donne à voir pour seule réelle, n'est-ce pas une vue fort étroite ? Que penserions-nous d'un homme reclus depuis sa naissance entre quatre murs et qui s'imaginerait que le vaste ciel se réduit à ce petit rectangle à la teinte changeante que dessine l'unique fenêtre de sa cellule ?

*

Les diverses métaphysiques du temps autorisées par la physique relativiste ont été regroupées sous le vocable commun d'*univers-bloc* ou d'*éternalisme* *, et l'on en comprend bien la raison : passé, présent et futur coexistant de toute éternité forment un bloc rigide, statique, immuable, correspondant à l'espace-temps dans son entier déploiement.

Dans ce « bloc d'univers », il n'y a pas de place pour ce que nous appelons le présent. Il n'y a qu'un ensemble de points, chacun étant

* À cette conception philosophique du temps s'en oppose une autre, le *présentisme*. Voici comment un présentiste pourrait parler : « Et si le temps, toute l'incommensurable immensité du temps se déroulant du plus lointain passé au plus lointain futur, depuis son commencement – s'il en a eu un – jusqu'à sa fin – s'il doit en avoir une –, n'était en réalité qu'une infime tête d'épingle, un seul et même instant qui disparaîtrait pour réapparaître, apparaîtrait pour redisparaître... Cette réduction de la ligne du temps à un point, un unique instant indéfiniment répété, changerait-elle quelque chose pour nous, qui existons *dans* et *par* le temps ? Cela changerait-il quelque chose à notre perception de la vie et de l'univers si toutes ces choses qui existent et se déploient dans l'espace se trouvaient encloses dans une unique et infime gouttelette de temps ? »

entièrement défini par ses quatre coordonnées spatio-temporelles (trois d'espace et une de temps) et correspondant à un « événement », au sens que les physiciens relativistes donnent à ce mot : Einstein et Besso marchant côte à côte dans telle rue de Berne tel jour de printemps de l'année 1905 est un « événement » ; vous assis dans le fauteuil de votre salon en train de lire ce livre en est un autre, etc. Dans la perspective de la théorie de la relativité et de l'éternalisme, une vie humaine n'est d'ailleurs rien d'autre que la succession des événements de ce genre, chacun correspondant à un point dans l'espace-temps, et l'ensemble de ces points dessinant une ligne à travers le bloc d'univers : la « ligne d'univers » d'un individu.

Le bloc d'univers étant à quatre dimensions, il nous est difficile, pour ne pas dire impossible, de nous le figurer. La seule manière dont nous puissions nous en faire une idée est de ramener le nombre de dimensions spatiales de trois à deux et, par couches successives le long de la ligne du temps, de prolonger cet espace bidimensionnel en un espace-temps tridimensionnel, formant ainsi une sorte de long parallélépipède flottant dans le non-être sous le regard d'un hypothétique Créateur.

Ce parallélépipède fait ressurgir l'immémoriale image du temps comme un fleuve, mais un fleuve immobile, figé. Et non point figé en un instant donné du temps, comme ce lac gelé au sein duquel a cessé de se débattre le cygne du poème (« ... Fantôme qu'à ce lieu son pur éclat assigne »), mais figé *en tous ses instants successifs à la fois*, de sorte que c'est une longue suite d'instantanés de nous-mêmes qui s'y trouve à tout jamais et depuis toujours emprisonnée.

*

L'éternalisme est la plus consolatrice des métaphysiques, en ceci qu'elle nie la réalité d'un *passage* du temps. Ce qui, si nous nous en sommes suffisamment pénétrés, devrait nous amener à relativiser tout ce que ce passage ou cette fuite du temps, illusoires, fait naître en nous de douloureux : sentiment aigu de l'irréversible, souffrance de la perte et de l'absence, nostalgie douce-amère ou poignante… Quelle admirable profondeur de champ cette perspective de l'éternalisme donne à la si belle phrase de Jankélévitch, celle qu'il a écrite dans son ouvrage justement intitulé *L'Irréversible et la Nostalgie*, et qui se trouve gravée sur la façade de cet immeuble du 1, quai aux Fleurs où il a vécu jusqu'à sa mort en 1985 :

> « Celui qui a été ne peut plus désormais ne pas avoir été : désormais ce fait mystérieux et profondément obscur d'avoir vécu est son viatique pour l'éternité[12]. »

Tel jour (c'était une douce et lumineuse journée), à telle heure (peu avant la tombée du soir), en tel lieu (un banc du jardin du Palais-Royal), la femme que j'aime se tenait assise à côté de moi, sa tête posée sur mon épaule ; sa tête a depuis longtemps quitté mon épaule, mais l'« événement » (au sens relativiste) correspondant à notre présence commune sur ce banc-là ce soir-là n'a pas disparu pour autant dans le néant ; elle et moi nous trouvons *toujours* assis côte à côte sur ce banc, étroitement enlacés ; nous nous y trouvons de toute éternité, liés à jamais, en quelque point du bloc d'univers, un peu en amont de notre « nous » actuel.

Consolation sur la mort de Michele Angelo

En postulant, sous une forme ou sous une autre, la survivance de l'âme et l'existence d'un au-delà, toutes les religions du Salut nient la finitude de l'homme, nient, en ce qui concerne l'homme, et en tant que l'homme a une âme, la réalité de la mort – elle ne serait qu'un passage. La théorie d'Einstein a ceci de commun avec elles qu'elle aussi aboutit à une sorte de négation de la mort, mais par une voie toute différente : non point en invoquant l'âme ou l'au-delà – notions auxquelles le physicien ne croyait pas –, mais en établissant la coexistence de l'instant A et de l'instant B, de l'instant où je suis encore vivant et de celui où je suis déjà mort.

Que sa théorie aboutissait à ôter à la mort son caractère effectif, c'est ce qu'Einstein a clairement affirmé après celle de son vieil ami Michele Angelo Besso. Dans une lettre ô combien émouvante adressée à la famille du défunt moins d'un mois avant son propre trépas, le physicien recru d'années a eu ces mots restés justement célèbres :

> « Voilà qu'il m'a de nouveau précédé de peu, en quittant ce monde étrange. Cela ne signifie rien. Pour nous, physiciens dans l'âme, la séparation entre passé, présent et avenir ne garde que la valeur d'une illusion, si tenace soit-elle[13]. »

La vertu balsamique de cette *Consolation sur la mort de Michele Angelo* dépasse de beaucoup, à mes yeux, tout ce que la poésie a pu produire de plus adoucissant, de plus cicatrisant. Et, si vous voulez le fond de ma pensée, je tiens même ces quelques lignes griffonnées d'une main tremblante par un vieil homme sur le point de mourir à son tour pour infiniment plus réconfortantes que toutes les incertaines promesses de tous les Évangiles.

*

Mais, si nous l'envisageons d'un autre point de vue, l'éternalisme nous paraîtra au contraire la plus désespérante de toutes les métaphysiques. Car, si le bloc d'univers se déploie aussi bien devant nous que derrière nous, si le futur existe déjà en son sein, un peu plus loin en aval, quelle place reste-t-il à notre libre arbitre ? ne nous retrouvons-nous pas ravalés au rang de simples automates, manipulés à notre insu par des forces extérieures ? Et puis, en niant la réalité du passage du temps et de la mort, l'éternalisme ne nie-t-il pas, du même coup, tout ce qui fait la réalité de la vie – la réalité du réel ?

C'est ce que pense le philosophe des sciences Palle Yourgrau. Dans son captivant essai *Einstein/Gödel*, il écrit :

> « Puisque le présent n'est pas plus réel que le passé et que je suis encore allongé sur la plage comme l'été dernier, pourquoi m'identifier uniquement au "je" qui grelotte actuellement dans le froid ? Suis-je simplement en train de faire une erreur ? Ou y a-t-il autant de "je" qu'il y a d'instants dans le temps ? Et s'il en est ainsi, ces "je" sont-ils tous moi, ou seulement des parties de moi ? (J'ai bien sûr des parties spatiales – une tête, des mains, des pieds ; ai-je aussi des parties temporelles ?)[14] »

« Métaphysique de la vie quotidienne peu convaincante », tranche l'auteur. Je comprends et même je partage son scepticisme – qui ne le partagerait pas ? Mais posons-nous la question : l'obstacle ici soulevé par Palle Yourgrau est-il insurmontable ? Cette idée qu'il y aurait autant de « je » que d'instants dans le temps (ou, plutôt, dans le laps de temps que représente une vie humaine) est-elle tellement absurde que nous ne puissions lui ajouter foi ?

Les mots pour le dire

Où l'on constate que nous continuons, dans nos propos de tous les jours, à faire comme si Einstein n'avait jamais existé.

> « La philosophie est un combat contre l'ensorcellement de notre entendement par les ressources de notre langage. »
>
> Ludwig WITTGENSTEIN,
> *Recherches philosophiques.*

Quelles idées se forment spontanément dans l'esprit de M. Tout-le-monde au simple énoncé de ce mot, « temps » ? – « Temps »… comme le temps qu'il fait ? – Non, comme celui qui passe : qu'en dirait-il spontanément ? – Eh bien, qu'il *passe* justement ; qu'il *s'écoule* sans cesse, imperturbablement, du passé vers le futur ; qu'à certains moments il serait souhaitable de pouvoir en suspendre le *cours* *, à d'autres de le *remonter*…

* À propos de ce souhait, Alain, perfide, notait : « "Ô Temps ! suspends ton vol !" C'est le vœu du poète, mais qui se détruit par la contradiction si l'on demande : "Combien de temps le Temps va-t-il suspendre son vol ?" »

Ces quelques expressions usuelles, dont je suis prêt à parier qu'elles ont leur équivalent dans à peu près toutes les langues, suffisent à le montrer : notre langage ne porte en lui aucune trace de la révolution einsteinienne ; il continue de baigner dans cette métaphore du fleuve que nous avons héritée des Anciens (Héraclite : « On ne peut entrer deux fois dans le même fleuve » ; Marc Aurèle : « Le temps est comme un fleuve que formeraient les événements ») et qui est au cœur de la conception newtonienne du temps (« le temps absolu, vrai et mathématique, sans relation à rien d'extérieur, *coule* uniformément », écrit Newton au fronton de ses *Principia mathematica*).

Nous nous servons, pour dire et penser le temps, de mots et de locutions inappropriés, qui trahissent sa vraie nature (ou tout au moins ce que nous savons depuis 1905 de sa vraie nature). Sans doute n'avons-nous guère le choix, tant il nous faudrait faire de circonvolutions pour parler du temps de façon plus conforme à ce que nous en a appris la physique théorique. Voyez à quelles périphrases compliquées ce pauvre Hermann Weyl, très proche collaborateur et ami d'Einstein, est obligé d'avoir recours pour se tirer d'affaire :

> « Le monde objectif tout simplement *est* ; il n'*advient* pas. C'est seulement au regard de ma conscience, avançant en rampant le long de la ligne d'univers de mon corps, qu'une section de ce monde vient à la vie dans l'espace comme une image fugace, qui change continuellement dans le temps[15]. »

Dire que « le temps passe » est donc un raccourci bien commode, et nous en usons allègrement. Ce qui n'aurait guère d'importance si le langage ne structurait pas notre entendement et notre pensée. Mais il les structure, et ces mots et locutions dont nous nous servons à propos du temps nous font invariablement tomber dans l'erreur, ils nous maintiennent dans l'illusion – celle que seul le présent existe, celle que le passé n'existe plus et le futur pas encore. Et ce n'est sans doute pas un hasard si le mystère du temps, peut-être le plus profond de tous les mystères auxquels se trouve confronté l'esprit humain, tient en échec, depuis tant et tant de siècles, les philosophes et la philosophie, elle qui repose tout entière sur le langage.

Petit dialogue entre moi et moi (1)

Où l'auteur se dédouble pour mieux tourner autour de la douloureuse question du libre arbitre.

Moi. – Tu évoquais, ou plutôt *j'*évoquais tout à l'heure la question du libre arbitre…

Moi. – Oui. C'est le grand point d'achoppement, car comment concilier cette notion avec l'idée d'un futur existant de toute éternité ? Si le futur existe déjà quelque part, un peu plus loin en aval dans le bloc d'espace-temps, comment nos actes présents, procédant de notre libre volonté, pourraient-ils avoir une quelconque influence sur lui ? Et pourtant, ne portons-nous pas tous en nous, comme une vérité innée et indubitable, l'idée que l'avenir dépend au moins en partie de nos actes présents, de notre volonté présente ? Si je décide de me suicider aujourd'hui, il est clair que mon « avenir » en sera affecté – si tant est que l'on puisse encore, dans ce cas précis, parler d'avenir…

Moi. – C'est l'évidence même. Et c'est d'ailleurs ainsi que nous distinguons le passé de l'avenir : le premier est clos, immuable, Dieu lui-même ne peut pas l'altérer (c'est l'une des très rares bornes que les Pères de l'Église assignaient à Sa toute-puissance), tandis que le second est ouvert. L'un ne peut qu'être contemplé avec les yeux de la mémoire, l'autre se perd dans les brumes de l'indétermination et échappe à nos regards, mais reste du fait même de cette indétermination partiellement mutable, malléable...

Moi. – Malléable, ce n'est pas si sûr. Il s'est de tout temps trouvé des penseurs pour contester cette idée d'un avenir indéterminé sur lequel nous pourrions agir.

Moi. – Ferais-tu par hasard allusion à ces mahométans des premiers âges qui prêchaient un fatalisme strict, excluant toute action humaine ? Il me semble que ces gens-là sont passés de mode, encore que leur belle parabole du rendez-vous de Samarkand * ne soit pas dépourvue de charme.

Moi. – Non, je te rassure, je ne pensais pas au grand Mahomet. Plutôt à Spinoza, le philosophe qui a eu l'influence la plus profonde sur Einstein – et pas seulement parce qu'il partageait sa croyance en un dieu immanent, identifiable à la Nature ou au Cosmos même.

Moi. – Spinoza n'était pas fataliste, mais déterministe. C'est très différent.

Moi. – Très différent, en effet. Le déterminisme ne consiste pas à dire que tout est « déjà écrit là-haut », comme le soutiennent le Jacques de Diderot et son capitaine. Par *déterminisme*, il faut entendre la détermination conditionnelle des événements en vertu du principe de causalité, qui fait que le « conséquent » se produira nécessairement dès lors que son « antécédent » est effectif : si la cause C se réalise, l'effet E se réalisera à coup sûr lui aussi.

---

* Qui illustre la façon dont le sort se joue de notre semblant de liberté. – Un vizir se promène parmi les étals d'un marché de Boukhara quand il voit soudain la Mort qui le regarde fixement, étonnée ; terrifié, il saute sur son cheval et s'enfuit à bride abattue aussi loin que possible pour ne s'arrêter le lendemain matin que dans la lointaine cité de Samarkand, soulagé d'avoir mis tant de lieues entre la Mort et lui. Cependant, à Boukhara, l'histoire de la fuite précipitée du vizir avait fait grand bruit et s'était répandue comme une traînée de poudre jusqu'au palais. Le sultan, intrigué, avait aussitôt convoqué la Mort pour lui demander s'il était vrai qu'elle avait voulu effrayer son vizir. « Je n'ai pas voulu l'effrayer, lui répondit la Mort, j'ai juste été étonnée de le trouver ici, à Boukhara, car nous avons rendez-vous demain matin à Samarkand. »

Moi. – Fort bien. Je constate avec soulagement qu'il te reste quelque chose de tes leçons de philosophie…

Moi. – Mais cette cause C qui produit l'effet E, dans un système parfaitement déterministe tel que celui de Spinoza, est elle-même l'effet d'une cause antérieure, et celle-ci pareillement, et ainsi de suite jusqu'au commencement des temps…

Moi. – Jusqu'au Big Bang ?

Moi. – Jusqu'au Big Bang, oui, même si cette expression, je le crains fort, ne se trouve pas dans les écrits de Spinoza. De sorte que, la cause de la cause de la cause… nous échappant toujours, nous ne sommes maîtres de rien, et en particulier pas de notre volonté. Ce n'est pas un hasard si Einstein citait volontiers cette phrase de Schopenhauer (un autre de ses philosophes préférés) : « L'homme est libre de faire ce qu'il veut, mais il n'est pas libre de vouloir ce qu'il veut. »

Moi. – Mais c'est affreux ! Sans le libre arbitre… sans ce petit supplément d'âme, sans cette étincelle divine que nous appelons le libre arbitre, que serions-nous ? Des pantins ?

Moi. – Des sortes de pantins très sophistiqués, oui.

Moi. – Et Einstein partageait cette vision noire de l'être humain ?

Moi. – Ses déclarations publiques ne laissent guère de doutes à ce sujet. Voici ce qu'il disait dans le *Saturday Evening Post* du 26 octobre 1929 : « Tout est déterminé […] par des forces sur lesquelles nous n'exerçons aucun contrôle – pour l'insecte aussi bien que pour l'étoile. Êtres vivants, végétaux, ou poussière cosmique, nous dansons tous sur un air mystérieux, joué de loin par un flûtiste mystérieux[16]. » Et dans le *New York Times Magazine* du 9 novembre 1930 : « Un Dieu qui récompense et punit est inconcevable, pour la simple raison que les actes de l'homme sont déterminés par la nécessité, interne et externe, de telle sorte qu'aux yeux de Dieu il ne peut être responsable, pas plus qu'un objet inanimé n'est responsable des forces auxquelles il est soumis[17]. » Et encore devant la Spinoza Society of America, le 22 septembre 1932 : « Nos actes devraient être fondés sur la conscience de tous les instants que les êtres humains dans leurs pensées, leurs sentiments et leurs actions ne sont pas libres, mais qu'ils sont tout aussi liés causalement que les étoiles dans leurs mouvements[18]. » J'en passe.

Moi. – Diable d'homme ! Quant à moi, je crois que je préfère conserver à la mort son caractère irrémédiable, et continuer à me bercer de l'illusion que ma volonté est libre.

Moi. – Et moi aussi, puisque je pense toujours comme toi. Mais ce serait oublier la relativité de la simultanéité, qui était notre point de départ…

(Longue pause méditative.)

Moi. – Vraiment, c'est trop dommage !

Moi. – Je trouve également.

Moi. – Sommes-nous réellement obligés de choisir entre l'éternalisme et le libre arbitre ? N'y aurait-il aucun moyen de concilier l'un et l'autre ?

Moi. – Très honnêtement, la cause me paraît désespérée, mais je veux bien essayer d'y réfléchir avec toi…

Moi. – Tu veux dire : « avec moi » ?

Moi. – Oui. Avec moi.

Moi. – Si j'ai bien compris, tout le problème vient du fait que, si le futur existe déjà quelque part dans le bloc d'univers, si, pour reprendre notre terminologie, il coexiste avec le présent et le passé, il est nécessairement aussi clos, aussi immuable que ce dernier. C'est bien cela ?

Moi. – Affirmatif.

Moi. – Comme une bobine de film sur laquelle le début de l'histoire se trouve décomposé image par image à un bout de la bande, et la fin à l'autre bout. Nous ne pourrions pas plus changer la fin que le début, ce qui suit que ce qui précède… C'est bien cela ?

Moi. – Positivement.

Moi *(après un moment d'intense réflexion)*. – Cette métaphore de la bobine de film est peut-être trompeuse…

Moi. – Que veux-tu dire par là ?

Moi. – Qu'il se pourrait que nos structures mentales ne nous permettent pas de nous représenter le bloc d'univers autrement que comme une bobine de film, mais que cette image ne soit pas adéquate pour autant…

Moi. – J'ai du mal à te suivre.

Moi. – Et moi, donc ! Je réfléchis tout haut, voilà tout.

Moi. – Eh bien, réfléchis un peu plus haut encore…

Moi. – Il y a une différence essentielle entre la bobine de film et le bloc d'univers.

Moi. – Sans doute. Laquelle ?

Moi. – La bobine, comme tout ce qui existe, existe *dans* l'espace et *dans* le temps…

Moi. – Tandis que le bloc d'univers lui-même, étant un bloc d'espace-temps…

Moi. – Je ne te le fais pas dire. Le bloc d'espace-temps ne peut pas exister *dans* le temps, puisqu'il *est* le temps. Il existe donc *selon un autre mode* que celui de la bobine de film et de toutes choses sur la Terre et dans le ciel. Un mode *atemporel*.

Moi. – Continue. Tu me parais sur une piste intéressante…

Moi. – Que nous, qui nous trouvons à l'intérieur de ce bloc d'espace-temps, le découpions par la pensée en trois parties, passé, présent et futur…

Moi. – Je dirais plutôt deux : passé et futur, le présent n'étant que la frontière entre l'un et l'autre…

Moi. – Que nous le découpions en passé et futur n'y change rien : ces deux parties coexistent selon le même mode atemporel que l'ensemble. De sorte que…

Moi. – De sorte que…

Moi. – De sorte que…

Moi. – Eh bien ?

Moi. – Ne me presse pas ainsi ! Tout cela reste encore très embrouillé, même pour moi. N'oublie pas que je ne suis pas philosophe de profession, et encore moins physicien, mais un simple amateur…

Moi. – Pardonne-moi, je ne voulais pas te brusquer. C'est juste que ce *Petit dialogue entre moi et moi* est en train de devenir un peu longuet, même pour moi… Tu en étais à « de sorte que ».

Moi. – De sorte que… Ah ! fichtre ! que c'est compliqué ! *(Nouveau moment d'intense réflexion.)* En quels termes ai-je exposé le problème il y a quelques instants ?

Moi. – Que marmonnes-tu ?

Moi. – En quels termes ai-je exposé le problème il y a quelques instants ?

Moi. – Eh bien, tu as dit quelque chose comme : « Si le futur existe déjà quelque part, il est nécessairement immuable. »

Moi. – N'y a-t-il pas là un mot qui heurte ton oreille ?

Moi. – Attends voir… *(Moi redit la phrase dans sa tête, en détachant bien chaque terme.)* Je crois que j'ai deviné : « déjà » ?

Moi. – Oui, « déjà ». Lorsque nous disons que le futur existe *déjà* quelque part, nous voulons dire : il existe en ce moment même, au moment présent – *dans* le présent. Et il en va de même lorsque nous disons que le passé existe *encore* quelque part. L'air de rien, ces deux petits mots, « déjà » et « encore », introduisent des notions de temporalité qui n'ont pas lieu d'être, puisque nous avons établi que le mode de coexistence du passé, du présent et du futur ne pouvait être qu'atemporel.

Moi. – Ce qui veut dire…

Moi. – Ce qui veut dire que nous sommes incapables, tout bonnement *incapables* de penser la coexistence du passé, du présent et du futur autrement que selon un mode temporel, bien que nous sachions que ce n'est pas le bon mode. Mais ne sont-ce pas précisément ces « déjà » et ces « encore » dont sont entachées toutes nos tentatives de représentation qui nous empêchent de concevoir un bloc d'univers dans lequel l'action et la volonté humaines conserveraient toute leur place ?

Moi. – Pourrais-tu être plus explicite ?

Moi. – Si nous étions capables de concevoir quelque chose d'aussi inconcevable qu'un « avenir-qui-existe-quelque-part » sans que cela signifie qu'il existe *déjà* quelque part, où serait le problème ? Je pourrais bien, ce mercredi 3 août 20XX, à 14 h 55, décider subitement de me suicider et réussir mon coup…

Moi. – Ça m'étonnerait, je suis si maladroit !

Moi. – … Ou continuer à vivre et à me creuser la cervelle sur cette question ardue du rapport entre éternalisme et libre arbitre, dans un cas comme dans l'autre, *mon avenir serait toujours mon avenir.* – Désolé, vieux, je ne vois pas comment exprimer plus clairement ma pensée. J'espère que tu l'as saisie au vol…

Moi. – Je crois que oui – après tout, c'est aussi la mienne. Cela nous laisse donc un espoir ?

Moi. – Un espoir, oui. Rien de plus qu'un espoir.

Moi. – En tout cas, une chose est certaine.

Moi. – Quoi ?

Moi. – Il faut mettre au rancart l'image de la bobine de film.

L'éclipse de mai

Où Einstein généralise sa théorie de la relativité et montre que, comme la vitesse, la matière ralentit le temps.

> « Lorsqu'une telle heure "historique" se produit, elle est décisive pour des décennies et pour des siècles. De même que l'électricité de toute l'atmosphère s'assemble à la pointe d'un paratonnerre, une masse considérable d'événements se trouve concentrée alors en un minimum de temps. »
>
> Stefan ZWEIG,
> *Les Très Riches Heures de l'humanité.*

Si j'avais été Stefan Zweig, j'aurais certainement ajouté au moins un chapitre aux *Très Riches Heures de l'humanité.* Venant après « Le wagon plombé » qui raconte le voyage de Lénine de Suisse en Russie au printemps 1917 et clôture le recueil, « L'éclipse de mai » aurait eu pour cadre une petite île perdue au large des côtes de Guinée, et pour date le 29 mai 1919. C'est dans ce lieu improbable, ce jour-là, que s'est déroulé le moment capital de la geste einsteinienne – le moment de son éclatante victoire sur Newton.

*

Pour comprendre ce qui s'est produit de si important dans cette île ce 29 mai 1919, il faut remonter quelques années en arrière : précisément douze ans en arrière, à cette année 1907 qui vit Einstein avoir ce qu'il appellera lui-même, plus tard, « l'idée la plus heureuse de [sa] vie ».

Mais tant qu'à remonter le cours du temps, poussons un peu plus loin et retournons brièvement à l'époque de Galilée et de Newton, que l'on ne quitte pas si facilement. Le premier montra que, si on lâchait simultanément du haut de la tour de Pise des balles faites de plomb, de pierre, de bois et de papier, c'est-à-dire des objets de même forme et de même volume (pour égaliser les effets de la résistance de l'air) mais de masses différentes, lesdites balles touchaient le sol exactement au même instant : tous les corps tombent sur la Terre avec la même accélération. Le second, toujours plus abstrait et plus conceptuel que son devancier, donna une première explication de ce phénomène remarquable. Newton distinguait en effet pour un même corps deux sortes de masse, jouant chacune son rôle : sa *masse inerte* (ou inertielle), ainsi appelée car mesurant l'inertie de ce corps, c'est-à-dire son degré de résistance à son accélération par une force ; et sa *masse pesante* (ou gravitationnelle), mesurant l'effet de la gravitation sur ce même corps. Décuplez ou centuplez la masse d'un corps : la Terre l'attirera avec une force d'attraction dix ou cent fois supérieure ; mais comme, en même temps, son inertie aura également été multipliée par dix ou cent, son accélération restera la même qu'auparavant. Ajoutons que quelque trois siècles plus tard, le 2 août 1971, l'astronaute américain David Scott, commandant de la mission Apollo 15, lâcha simultanément un marteau et une plume à la surface de la Lune ; sans grand suspense, les deux objets mordirent la fine poussière grise en même temps, comme Galilée l'avait prédit. Mais revenons en 1907.

Einstein était, nous l'avons dit, un esthète. Un esprit épris d'harmonie, attachant un très grand prix à l'unité et à la simplicité, surtout lorsqu'il s'agissait des lois de la nature. Un tel esprit n'aime guère les exceptions, les bizarreries, les dissonances et dissymétries de tout genre. Or voilà que par ses travaux de 1905, il avait lui-même montré que les mouvements *rectilignes uniformes*, dénués de toute accélération, étaient relatifs ; eux et eux seuls. Pourquoi cette place à part ? Pourquoi la nature, qui n'agit jamais par caprice, aurait-elle ainsi distingué un certain type de mouvements de tous les autres ? Pourquoi les vitesses uniformes étaient-elles soumises à la relativité (incluses dans le champ de sa théorie de 1905), mais non l'accélération ? Il faut être profondément amoureux du beau pour se poser ces questions-là – pour se les poser au point qu'elles vous torturent et vous privent de sommeil. Tel était Einstein.

C'est avec ces questions en tête qu'il eut, en 1907, son intuition la plus profonde, la plus géniale. Il entrevit soudain la pleine signification de la simultanéité des chutes prédite par Galilée et expliquée – superficiellement – par Newton. L'égalité entre masse inerte et masse pesante avancée par ce dernier n'était pas une simple égalité numérique, toujours vérifiée… sans qu'on sache bien pourquoi ; ces deux masses étaient égales *par essence* : elles se confondaient l'une avec l'autre, *pour la raison qu'une accélération se confond (quant à ses effets sur un corps) avec un champ gravitationnel.* La gravité n'est rien d'autre qu'une forme particulière d'accélération, découverte fondamentale qu'Einstein lui-même appela le « principe d'équivalence ». Vouloir généraliser la première théorie de la relativité à tous les types de mouvements (uniformes et accélérés), comme il le souhaitait ardemment, c'était donc ni plus ni moins vouloir lui incorporer ce phénomène physique majeur qu'est la gravitation.

De même qu'en 1905 avec son train et ses flashs lumineux, c'est une expérience de pensée, passée à la postérité sous le nom d'« ascenseur d'Einstein », qui lui permit de formaliser son intuition. Je ne la détaillerai pas ici (comme l'autre, elle se trouve brièvement décrite en appendice), me bornant à indiquer qu'elle lui suggérait deux conséquences, deux phénomènes qui devaient se produire si son intuition ne l'avait pas trompé (et elle le trompait rarement). Le premier a trait au temps, et il n'est pas moins étonnant que ceux mis en lumière par sa théorie de 1905. La gravité devait influer sur le temps ; tout comme les vitesses, la proximité d'une masse de matière devait le ralentir : s'il était possible de fabriquer deux horloges assez précises pour permettre l'expérience (ce qui ne l'était pas à l'époque d'Einstein), on constaterait que celle située au ras du sol accuserait un infime retard sur sa sœur jumelle perchée sur le toit d'un gratte-ciel, la gravité terrestre se faisant un tout petit peu moins sentir en haut qu'en bas. Le second phénomène que son intuition lui suggérait, mais qui n'avait encore, lui non plus, jamais été observé, était qu'une masse de matière, par la gravité qu'elle exerce autour d'elle, devait incurver les rayons lumineux passant à proximité, courber la lumière dans son voisinage.

Mais une théorie physique aussi fondamentale que la relativité générale ne se bâtit pas en un jour, ni même en une année, et il fallut encore à Einstein huit ans de travail acharné, huit ans d'errance solitaire dans la jungle des mathématiques, avant de finaliser son œuvre. Solitaire ? Pas tout à fait. Comme le fit Besso par ses observations et ses suggestions en 1905, un ami fidèle l'aida dans sa tâche : le mathématicien Marcel Grossmann, spécialiste du calcul tensoriel. Dans une lettre datée d'octobre 1912, c'est-à-dire alors qu'il se débattait encore et plus frénétiquement que jamais avec ses calculs, Einstein écrivait :

> « Je m'occupe entièrement du problème de la gravitation, et je crois maintenant que je surmonterai toutes les difficultés avec l'aide d'un ami mathématicien d'ici ["ici" étant Zurich]. Il y a au moins une chose certaine, c'est que je n'ai jamais travaillé aussi dur de ma vie, et que j'ai acquis un grand respect pour les mathématiques, dont j'avais jusqu'à présent, dans mon innocence, considéré les aspects les plus subtils comme un luxe superflu. À côté de ce problème, la première théorie de la relativité est un jeu d'enfant[19]. »

La collaboration avec Grossmann prit fin lors du retour d'Einstein à Berlin en 1914 (guerre oblige). Et c'est seul, l'année suivante, que le physicien vint à bout de son immense labeur, qu'il put enfin s'extraire de cette jungle et, comme parvenu au bord d'une falaise, embrasser d'un seul regard le panorama qui s'étendait devant ses yeux : la théorie de la relativité générale pleinement aboutie.

Celle-ci prenait la forme de dix équations, appelées « équations de champ » car régissant en tout point de l'espace-temps le champ gravitationnel. Dix équations si complexes que, s'il fallait les écrire en toutes lettres au lieu de les noter par le raccourci des tenseurs (cet outil que Marcel Grossmann aida son ami à manier), elles empliraient à elles seules tout un livre. Mais que David Hilbert – le même David Hilbert qui avait énoncé ses fameux vingt-trois problèmes irrésolus au Congrès international de Paris quinze ans plus tôt –, en reformulant le résultat d'Einstein de façon beaucoup plus élégante qu'il ne l'avait fait (car il était bien meilleur mathématicien que lui), réduisit bientôt à une seule : l'équation de champ d'Einstein, dite aussi, par raccourci, « équation d'Einstein* ».

*

Mais quel sens donner à cette équation de champ ? Que dit-elle de la gravitation ? Pour nous qui ne sommes ni physiciens ni mathématiciens, elle demeure obstinément hermétique ; un autre langage que le leur, plus imagé, nous est nécessaire. Revenons à Newton.

Dans la théorie newtonienne, la gravitation est une force, celle par laquelle deux corps massifs (c'est-à-dire dotés d'une certaine quantité de matière : la Terre, une pomme ou un grain de poussière) s'attirent mutuellement sous l'effet de leur masse. Cette action à distance a toujours semblé mystérieuse aux physiciens, et à Newton tout le premier qui écrivait :

> « Que la gravité soit innée, inhérente et essentielle à la matière, de sorte qu'un corps puisse agir à distance sur un autre à travers un vide,

* Quoiqu'elle soit un peu plus compliquée que $E = mc^2$, je ne résiste pas à la tentation de la donner ici en note – et peu importe si cela vous semble du chinois, dites-vous qu'il s'agit seulement de la contempler comme une œuvre d'art : $R_{\mu\nu} - \frac{1}{2} g_{\mu\nu} R + \Lambda g_{\mu\nu} = \kappa T_{\mu\nu}$

> sans aucune espèce d'intermédiaire, pour transporter l'action et la force d'un corps jusqu'à l'autre, voilà qui me paraît d'une si grande absurdité que nulle personne ayant quelque capacité de raisonnement philosophique ne pourra jamais, ce me semble, y ajouter crédit[20]. »

Mais enfin, la loi qu'il avait formulée expliquait si merveilleusement bien une si grande variété de faits d'apparence si diverse – de la chute de la fameuse pomme au retour périodique des comètes, en passant par les orbites de la Lune autour de la Terre et des planètes autour du Soleil – que ses contemporains et successeurs immédiats l'adoptèrent à l'unanimité en lui accolant l'épithète flatteuse et justifiée d'*universelle*, et renoncèrent à percer le mystère de la vraie nature de cette force.

Pas Einstein, et cet irritant mystère fut l'une des raisons – avec la bizarrerie intolérable que constituait à ses yeux le statut exorbitant et pour tout dire suspect accordé par la nature aux mouvements rectilignes uniformes – qui le poussèrent à se lancer dans son travail de généralisation de la théorie de la relativité.

Au terme de ce travail, il était en mesure d'affirmer que la gravitation n'est pas une force, comme on le pensait depuis Newton, mais un *phénomène purement géométrique*, résultant de la courbure de l'espace-temps sous l'effet de la matière (ou tout aussi bien de l'énergie, puisque l'une est équivalente à l'autre en vertu de l'équation $E = mc^2$) contenue en son sein.

Après avoir unifié l'espace et le temps d'une part, la matière et l'énergie de l'autre, Einstein, avec sa théorie de la relativité générale, nous offrait une conception radicalement nouvelle – et, une fois encore, totalement contre-intuitive – des rapports entre espace-temps et matière-énergie, entre contenant et contenu. Rien n'est *a priori* plus facile à imaginer qu'un univers absolument vide, ne contenant pas le moindre atome de matière ; pourtant, la théorie de la relativité générale montre que ce n'est là qu'une vue de l'esprit : sans contenu, le contenant disparaîtrait purement et simplement ; sans matière ni énergie, ni l'espace ni le temps n'existeraient !

Car, explique en substance Einstein (c'est toujours son équation de champ qui « parle »), contenant et contenu se tiennent mutuellement par la barbichette. D'un côté, la matière et l'énergie incurvent l'espace-temps, lui « disent » comment se déformer ; de l'autre, l'espace-temps, par cette même courbure, « invite » les objets matériels et les rayons lumineux à suivre telle ou telle trajectoire, leur « dit » quelle direction prendre. Lorsque la pomme tombe de l'arbre, ou que nous sentons nos pieds peser de tout notre poids sur le plancher en l'absence duquel nous tomberions un étage plus bas, c'est que la pomme ou nous glissons sur la pente du grand toboggan spatio-temporel !

De même qu'à la surface d'une sphère un point progressant en « ligne droite » décrit en réalité une boucle qui est la circonférence de la sphère, de même dans un espace-temps courbe il n'existe pas – il ne peut pas exister – de lignes droites ; le plus court chemin d'un point à un autre n'y est pas celui que nous connaissons dans le plan ou l'espace euclidien, mais une trajectoire incurvée que les mathématiciens appellent « géodésique », et que les photons, bien que dépourvus de masse, doivent eux-mêmes suivre : Einstein retrouvait là, « écrite » dans son équation de la relativité générale, l'idée selon laquelle la gravité courbe la lumière.

*

Comme je l'ai indiqué, il avait émis cette audacieuse hypothèse dès les années 1907-1908 (bien avant donc que la formalisation de la théorie, en 1915, ne vienne la confirmer), sur la base du seul principe d'équivalence. Déduction cruciale, à la vérité, car elle lui offrait un moyen de vérifier expérimentalement la justesse de ses vues – et non seulement *un* moyen, mais bien *le seul* moyen possible, la technique de l'époque ne permettant pas d'envisager la construction d'horloges suffisamment sensibles pour enregistrer les effets de la gravitation sur le temps.

Mais, se demanda-t-il aussitôt, comment observer dans la nature une telle déviation – ou « déflexion », pour reprendre le terme savant – des rayons lumineux ? La question resta en souffrance jusqu'à ce que, en 1911, c'est-à-dire alors même que sa théorie était encore en gestation, lui vînt une idée (encore une !). Il suffisait de relever la position apparente d'étoiles situées dans le prolongement de l'axe formé par la Terre et le Soleil : ainsi, si sa théorie était juste, les rayons de ces étoiles seraient déviés en passant à proximité du Soleil, de telle sorte qu'elles apparaîtraient très légèrement décalées par rapport à leur position réelle dans le ciel : non plus cachées par le disque solaire, mais juste à côté. Tout à sa joie d'avoir trouvé la solution à son problème, Einstein calcula même quel devait être l'angle d'une telle déviation. Il obtint 0,83 seconde d'arc.

Encore fallait-il que le disque du Soleil fût occulté pour pouvoir faire cette observation, sans quoi la lumière dont il nous inonde si généreusement noierait complètement la faible lueur des étoiles brillant très, très loin derrière lui. Par chance, une éclipse de Soleil devait se produire le 21 août 1914 en Russie. L'astronome allemand Erwin Freundlich, de l'Observatoire royal de Prusse, entreprit alors de lever des fonds pour réaliser une expédition au pays des moujiks ; il sut convaincre le diplomate Gustav Krupp von Bohlen und Halbach – ce n'était pas n'importe qui ! – de délier sa bourse, qu'il avait fort ronde. Hélas, malgré ces subsides, Erwin Freundlich n'atteignit jamais la Crimée. Car, entre-temps, le 1er août, le kaiser avait déclaré la guerre au tsar.

La faute à ce maudit archiduc François-Ferdinand, qui avait eu la bêtise de se faire assassiner dans les rues de Sarajevo le 28 juin précédent, et à cette diabolique mécanique des alliances tripartites, Triple Entente et Triplice, qui par un funeste engrenage transforma l'acte isolé d'un fanatique en tragédie mondiale. La faute, surtout, à ce nationalisme nauséabond qu'Einstein exécrait par-dessus tout, et dont les relents de chauvinisme étroit et de revanchisme cocardier se faisaient alors sentir un peu partout dans la vieille Europe.

Mais on a raison de dire qu'à tout malheur quelque chose est bon. Car la guerre, en se jetant en travers de la science, lui avait en réalité rendu service, ou du moins avait-elle rendu service à

Einstein, dont la théorie n'était pas encore aboutie et qui s'était trompé dans ses calculs. Continuant sa propre guerre contre les mathématiques, il reprit sa copie et, en 1915, année de l'achèvement de la théorie de la relativité générale, révisa très nettement à la hausse son estimation de la déflexion de la lumière près du Soleil, à 1,74 seconde d'arc.

Une nouvelle chance de vérifier sa prédiction s'offrirait à la communauté scientifique en 1919. Les éphémérides prévoyaient en effet qu'une autre éclipse totale de Soleil, visible cette fois depuis l'équateur, devait se produire le 29 mai de cette année-là. Cette seconde éclipse s'annonçait de surcroît exceptionnellement favorable, puisque le Soleil, lors de son occultation par la Lune, se trouverait juste devant l'amas des Hyades, fourmillant d'étoiles toutes à même de témoigner de la mystérieuse déviation.

Cher lecteur, je ne résiste pas à la tentation de vous parler un peu de ce bel amas visible à l'œil nu, par temps clair, dans la constellation du Taureau, près de la rouge Aldébaran. C'est un essaim de plusieurs centaines d'étoiles, distant de notre planète de 151 années-lumière, soit plus de deux fois plus loin qu'Aldébaran. Il doit son nom aux anciens Grecs qui avaient remarqué que son apparition au-dessus de l'horizon coïncidait toujours avec le début de la saison des pluies : aussi appelèrent-ils ces étoiles sœurs les Pluvieuses ou les Pleureuses (c'est le sens du mot grec *Huádes*), et en firent-ils les nymphes des Pluies, filles du titan Atlas et d'une océanide. La légende qui leur est attribuée diffère selon les auteurs ; pour les uns, Zeus les transforma en étoiles qu'il plaça sur le front de sa bête à cornes préférée, tel un scintillant diadème, pour les remercier d'avoir soustrait le jeune Dionysos à la colère de cette furie d'Héra et pris soin du divin bâtard ; pour d'autres, c'est parce que ces sœurs pleuraient sans cesse la mort de leur unique frère, tué par un lion, que le roi des dieux, touché par tant de chagrin, leur fit ce don. Mais trêve de digressions mythologiques !

En 1916, l'astronome hollandais Willem de Sitter, dont le pays était resté neutre dans le conflit, transmit à son confrère anglais Arthur

Eddington, de l'observatoire de Cambridge, un article d'Einstein sur sa toute nouvelle théorie de la relativité généralisée. Cet Arthur Eddington occupait l'une des deux chaires d'astronomie de l'Université de Cambridge, celle de professeur plumien (ainsi baptisée parce que créée au début du XVIIIe siècle par un certain Thomas Plume), et était membre de la Royal Society depuis le début de la guerre. C'était surtout un quaker et un pacifiste opiniâtre, qui avait refusé de porter les armes. Contrairement à beaucoup de ses pairs, il n'était donc guère susceptible d'émettre un jugement faussé sur une théorie physique pour la seule raison qu'elle émanait de cette Allemagne abhorrée à cause de laquelle tant de braves *boys* avaient déjà perdu la vie. Et, de fait, sitôt qu'il eut entre les mains l'article d'Einstein, Eddington fut séduit par tant de beauté mathématique et se fit un devoir de convaincre sir Frank Dyson, l'astronome royal de Sa Majesté George V, de monter une expédition.

Pour plus de sûreté, deux équipes furent constituées : celle de Cambridge – conduite par Eddington lui-même – irait s'établir à Principe (ou île du Prince), au large de la Guinée ; celle de Greenwich à Sobral, au Brésil. Séparées par l'océan Atlantique, Sobral et Principe, toutes deux proches de l'équateur, se situaient l'une et l'autre dans la « bande de totalité » de l'éclipse (la zone du globe terrestre, en forme de ruban, d'où le Soleil apparaît complètement occulté par la Lune). Ainsi, s'il faisait mauvais temps à Sobral, les astronomes avaient une chance que le ciel soit dégagé à Principe, et *vice versa*.

En 1918 vint l'armistice tant attendu, qui mit enfin un terme à quatre années d'absurde boucherie, mais malheureusement pas aux haines et aux rancœurs entre les anciens ennemis. Au tout début de l'année suivante, Eddington, depuis l'Angleterre, prit un certain nombre de clichés des Hyades, clichés qu'il pourrait ensuite superposer à ceux de l'éclipse pour comparer la position des étoiles et en mesurer précisément le décalage.

En mars, les astronomes embarquèrent à Liverpool et firent route jusqu'à Madère, où ils se séparèrent. Les uns mirent le cap à l'ouest, vers le lointain Brésil, tandis que les autres, dont Eddington, gagnèrent les côtes de l'Afrique qu'ils longèrent jusqu'au golfe de Guinée où les attendaient les autorités de Principe.

Cher lecteur, je voudrais que vous fassiez un petit effort d'imagination pour vous représenter cet îlot perdu et luxuriant, bosselé de collines, qui allait bientôt devenir le théâtre de la plus grande révolution scientifique du XXe siècle – peut-être même la seule de toutes les révolutions de ce siècle tumultueux qui soit véritablement digne de ce nom. Depuis sa découverte par deux navigateurs au service d'Alphonse V l'Africain, Principe, de même que l'île toute proche de São Tomé, était la propriété du Portugal, qui y fit se tuer à la tâche des générations d'esclaves dans les plantations de canne à sucre. C'est dans l'une de ces plantations, appelée Roça Sundi, à la pointe nord de l'île, qu'Eddington choisit finalement, après bien des hésitations, d'installer ses instruments.

L'aube du 29 mai, jour de l'éclipse décisive, se leva enfin sur le camp de fortune des Anglais.

Je suppose qu'Eddington, sitôt levé, alla jeter un coup d'œil au ciel, et il vit qu'il était couvert. Peu avant l'heure H, il se mit à pleuvoir – une de ces pluies tropicales qui vous tombent dessus tout à coup, drues et denses, et martèlent les palmiers et les toits des cahutes avec une fureur inexplicable. Ce n'était vraiment pas de chance, car il n'avait pas plu sur la petite île depuis des jours et des jours, au grand dam sans doute des colons et des indigènes : les Hyades étaient décidément fidèles à leur légende !

Il y avait de quoi s'arracher les cheveux. Mais Eddington était, je l'ai dit, un quaker, et il dut prier le Ciel avec la foi fervente de tous les quakers car, au dernier moment, la pluie cessa, les nuées se dispersèrent, et il put braquer son télescope en direction de l'invisible amas, là où, dans quelques minutes, aurait lieu le fugace chassé-croisé de la Lune et du Soleil.

Plus que cinq secondes… quatre… trois… deux… une… Le spectacle magique commence. Ce n'est d'abord qu'une petite échancrure noire en arc de cercle, qui grandit à vue d'œil et grignote peu à peu le disque aveuglant ; bientôt le Soleil est réduit à un mince liséré de lumière qui disparaît à son tour, plongeant les hommes – terrifiés jadis, émerveillés aujourd'hui – dans une semi-obscurité qui n'est ni la nuit ni le jour ; puis, au bout de quelques minutes, le liséré de lumière réapparaît, mais de l'autre côté du disque noir, et toute la séquence recommence dans le sens inverse, comme si le film se rembobinait sous nos yeux.

Ce spectacle, Eddington ne dut pas en profiter beaucoup, tout occupé qu'il était à régler correctement son télescope et à déclencher l'appareil photo au bon moment. Les quelques minutes que devait durer la phase de totalité de l'éclipse étaient de loin, et il le savait, les plus importantes de toute sa vie professionnelle. Elles allaient peut-être faire de lui, sinon l'inventeur d'une conception du monde radicalement nouvelle, du moins celui par qui cette conception avait pour la première fois été soumise à l'épreuve des faits. Cela méritait bien de ne pas se laisser distraire par l'étrange beauté du ciel.

*

La photographie prise par Eddington ce jour-là a fait le tour du monde, quoiqu'elle ne diffère en rien des nombreux autres clichés d'éclipses solaires. On y voit ce beau et mystérieux Soleil noir que seul distingue du noir de l'espace un fantomatique halo de lumière. Mais l'essentiel pour les physiciens n'est pas là ; il est dans ces sept petits points lumineux qui brillent autour de la couronne solaire, si faiblement qu'il faut une grosse loupe pour les détecter.

Sitôt rentré dans la mère patrie, Eddington entreprit de mesurer leur position exacte dans la voûte céleste, au centième de seconde d'arc près. Il lui fallut de longs mois de calcul pour aboutir à une conclusion définitive. Au début de l'automne, toutefois, de premiers résultats, favorables aux travaux d'Einstein, filtrèrent de l'observatoire et parvinrent jusqu'aux oreilles de Lorentz, qui s'empressa de télégraphier la bonne nouvelle à son jeune collègue et ami allemand.

Puis, quelques semaines plus tard, le verdict tomba, sans appel : la déviation observée était de 1,61 seconde d'arc avec une marge d'erreur de plus ou moins 0,3 seconde, soit une fourchette en parfait accord avec la valeur théorique prédite par Einstein – ce que confirmaient les mesures effectuées sur les photos prises à Sobral.

La première preuve de la véracité de la relativité générale venait d'être formellement établie.

La première d'une longue série. Maintenant qu'elles sont devenues atomiques, les horloges ont atteint une précision suffisante pour nous permettre de vérifier que, si l'on en place l'une au sol et l'autre sur le toit d'un gratte-ciel (ou même sur une table), elles ne mesurent pas le même temps.

Digression 3
Que tout est affaire d'asymptote

Où l'on nuance la vision d'un Newton qui serait dans l'erreur et d'un Einstein, dans le vrai.

Les théories newtonienne et einsteinienne de la gravitation sont antinomiques : la première la représente comme une force s'exerçant à distance entre des objets matériels, la seconde comme une manifestation de la géométrie de l'espace-temps ; c'est l'une ou c'est l'autre. Pour autant, de ce qu'il a été prouvé qu'Einstein avait raison, faut-il nécessairement conclure que Newton avait tort ?

Il existe une autre façon de voir les choses, sans doute plus adéquate, et en tout cas plus conforme à la vision que les physiciens ont eux-mêmes de leur discipline. Elle consiste à dire que la théorie de Newton constitue une bonne approximation de la réalité – c'est elle qui, sous les traits de la balistique, décrit la courbe d'un boulet de canon dans le ciel ; elle encore qui, sous ceux de la mécanique céleste, explique les ellipses des planètes autour du Soleil. Tant que la pensée humaine ne s'est pas aventurée au-delà du Système solaire (notre proche banlieue, à l'échelle cosmique), cette théorie était même si approchante que ses prédictions ont toujours parfaitement coïncidé avec les observations *. Mais ce ne fut plus le cas dès lors que l'homme a été capable d'embrasser du regard toute l'immensité de l'univers, avec ses galaxies et ses amas de galaxies, ses pulsars binaires, ses mystérieux et fascinants trous noirs... Or la plupart des physiciens estiment que la relativité générale, qui rend admirablement compte de tant de phénomènes cosmiques, n'est elle-même qu'une approximation – certes plus fine que celle de Newton –, et que celle-ci sera un jour supplantée à son tour par une troisième théorie de la gravitation, dans laquelle seront notamment inclus les phénomènes quantiques. La question qui se pose est celle-ci : en sera-t-il toujours ainsi, ou bien finirons-nous – finiront-*ils* – par concevoir une théorie qui ne soit pas qu'une approximation de la réalité, mais la réalité même, dans toute son infinie complexité et, en même temps, dans sa profonde unité ?

*

C'est dans son *William Shakespeare*, « livre océan » dans lequel il aborde beaucoup de vastes sujets, y compris William Shakespeare, que le vieil Hugo nous livre cette profonde pensée :

> « La science est l'asymptote de la vérité ; elle approche toujours, mais ne touche jamais[21]. »

---

* À l'exception notable de l'orbite de Mercure autour du Soleil. Cette orbite présente, par rapport aux prédictions de la mécanique newtonienne, une très légère anomalie qui induisit l'astronome Urbain Le Verrier à postuler l'existence d'une autre planète, censée se trouver encore plus près du Soleil que Mercure, et exerçant sur elle une attraction gravitationnelle qui expliquerait l'écart constaté entre prédiction théorique et observation. Preuve de sa confiance en ses calculs, Le Verrier, avant même de l'avoir trouvée, l'avait déjà baptisée Vulcain. Il faut dire que c'était déjà ainsi, pour corriger des bizarreries apparues dans l'orbite d'Uranus, qu'il avait postulé l'existence – et permis la découverte – de Neptune. Mais, contrairement à Neptune, Vulcain n'existe pas : le décalage constaté entre les calculs des uns et les observations des autres est simplement dû à l'énorme masse du Soleil, dont la trop grande proximité rend sensible le caractère approximatif de la théorie newtonienne. Dans celle d'Einstein, calculs et observations concordent à la seconde d'arc près...

Formule admirable de justesse et de concision, d'autant plus remarquable qu'elle allait à l'encontre de l'air du temps en un siècle où l'on s'imaginait volontiers que l'esprit humain, après avoir maîtrisé la vapeur et inventé le télégraphe électrique, finirait d'ici peu par percer les ultimes secrets de la nature.

O tempora ! o mores !

Où l'on s'accorde une pause, le temps d'une mondanité.

Nous avions quitté l'homme Albert Einstein dans son appartement berlinois du 5, Haberlandstrasse par une certaine après-midi de septembre 1919, sa pipe dans une main et le télégramme de Hendrik Lorentz dans l'autre. Retrouvons-le gare du Nord très tard dans la soirée du 28 mars 1922, jour de son arrivée à Paris pour un séjour de près de deux semaines. Cette visite, décidée à l'instigation de Paul Langevin (le père des jumeaux), se voulait discrète ; elle fit les gros titres de la quarantaine de quotidiens que comptait alors la capitale française et déchaîna les passions, pas toujours scientifiques. La confirmation de la véracité de la théorie de la relativité générale par Arthur Eddington, trois ans plus tôt, avait fait d'Einstein une légende vivante, mieux : un demi-dieu de la science. Sa gloire n'avait d'égale, sur les cinq continents, que celle de Charlie Chaplin, célébrité alors la mieux payée au monde : le clown et le savant réunis dans la même lumière. En outre, le père de la relativité et directeur du Kaiser Wilhelm Institut se trouvait être la première personnalité allemande officiellement reçue en France depuis la fin des hostilités.

Attendu en milieu de journée, Albert Einstein ne descendit du train où MM. Langevin et Nordmann l'avaient rejoint près de la frontière avec la Belgique qu'aux alentours de minuit, bien après que la meute de journalistes massée sur le quai fut rentrée à la niche. Pour tous ces plumitifs revenus bredouilles, l'occasion était trop belle de faire de l'esprit à gros tirages. On lit dans *L'Intransigeant* du 29 mars :

> « Tout est relatif, on le voit, même l'heure d'arrivée du protagoniste du relativisme [*sic*][22]. »

Ce qui n'est pas relatif, en revanche, c'est l'universalité de la bêtise humaine. Le 24 août 1920, une importante réunion de protestation contre la théorie de la relativité avait été organisée à Berlin par quelques sommités antisémites. La chose serait assez réjouissante, n'était la tournure que prit l'antisémitisme dans cette même Allemagne une douzaine d'années plus tard : on imagine aisément ces légions de nazillons en puissance défiler dans les rues aux cris de « À bas la courbure gravitationnelle de l'espace-temps ! », « Mort à l'équivalence masse-énergie ! » ou « La relativité de la simultanéité chez les Soviets ! ». Mais aucune nation n'a jamais eu le monopole de la bêtise, et celle-ci se trouvait également assez bien représentée de notre côté du Rhin, comme en témoigne ce dialogue imaginaire entre deux épigones de Bouvard et Pécuchet imprimé dans *Le Peuple* du 31 mars :

> « Et que dites-vous de ce M. Einstein qui semble pour le moment accaparer l'attention de nos savants et de nos philosophes ?
> – J'en dis ce qu'en disent ceux qui l'ont entendu dire que le temps n'est qu'un songe et que c'est bien à tort que nous lui reprochons de faire vieillir nos tempes.
> – Et c'est tout ?
> – Et c'est tout !
> – Eh bien ! moi, j'en dis autre chose de votre bonhomme. D'abord, il a un nom pas très catholique !
> – En effet, il est juif.
> – Et pas très français.
> – Dame, il est allemand !
> – C'est bien ce que je pensais ! Ce monsieur qui occupe les nuits de nos contemporains et qui leur occasionne tant d'ennuis, comme par hasard est un juif allemand.

[...]

– On me dirait que c'est un agent du gouvernement des Soviets que ça ne m'étonnerait pas du tout.

– Quel rôle joue-t-il en effet ?

– Celui d'un élément perturbateur.

– Il ne lui a pas suffi de nous voir, il y a quelques jours, sous l'influence de ses amis, avancer d'une heure nos montres et nos pendules *, voici maintenant qu'il propose la suppression de l'heure. Car enfin, monsieur, si le temps n'existe pas, on sera bien obligé de supprimer l'heure, n'est-ce pas ?

– Évidemment !

– Alors qu'attend le gouvernement pour bouter hors de France cet espion doublé d'un bolcheviste[23] ? »

N'est-ce pas digne du meilleur Flaubert ? Mais poursuivons. Ce même 31 mars, à 17 heures (heure d'été), Einstein donne la seule et unique conférence ouverte au public qui soit inscrite à son agenda. Selon le programme concocté par Paul Langevin, cette allocution au Collège de France doit être suivie de trois séances de discussion restreintes en ce même Collège, ainsi que d'une seconde conférence, le 6 avril, à la Société française de philosophie, où l'on attend beaucoup de la confrontation du père de la relativité avec le très éminent académicien et profond penseur du Temps lui-même, Henri Bergson. Pour l'heure, celui-ci se trouve perdu parmi la foule venue entendre le savant allemand et dont le nombre dépasse largement la capacité d'accueil de 350 places de la salle du Collège. Malgré la réputation d'incompréhensibilité de la théorie de la relativité, ou peut-être à cause de cette réputation, scientifiques et profanes, étudiants et professeurs, philosophes et mondaines se sont pressés aux grilles de la vénérable institution, sans assurance de les franchir.

* Le passage à l'heure d'été, effectué traditionnellement le dernier dimanche de mars, était alors une pratique relativement nouvelle en France : proposée par le député bas-alpin André Honnorat – dont on ne sache pas qu'il ait joué un rôle quelconque dans l'élaboration de la théorie de la relativité ni même qu'il ait été l'un des amis d'Einstein –, la loi l'instituant fut votée le 19 mars 1917 par 291 voix contre 177.

Point capital dans l'histoire des sciences, le nombre de femmes du monde ayant effectivement assisté à cette séance plénière du 31 mars reste sujet à controverses. Charles Nordmann racontera, dans *La Revue des Deux Mondes* :

« Par la densité des assistants, on se fût cru à quelqu'une des séances fameuses, où naguère un public idolâtre accourait aux leçons d'un Caro ou d'un Bergson. Mais en y regardant d'un peu plus près, la réminiscence n'était plus exacte. Il y avait très peu d'actrices en renom et de dames du monde dans ce public dont la compressibilité était mise à si rude épreuve. Là encore, la sévère honnêteté de M. Langevin avait marqué son passage, et autant on avait été généreux dans la distribution de cartes d'entrée aux hommes de science et d'étude […], autant on avait été impitoyable à les refuser à tout ce qui pouvait représenter le snobisme, le cabotinage ou la simple curiosité mondaine[24]. »

Tel n'est cependant pas le constat de ce journaliste de *Bonsoir* qui, dans l'édition du 3 avril, note qu'il n'y avait ce jour-là au Collège que des femmes et ajoute, cruel :

« J'ai déjà vu ces dames quelque part. Ah ! j'y suis… C'était à Versailles, le jour où l'on coupait le cou à Landru[25]… »

… avant d'agrémenter son article de ce malicieux quatrain :

« M. Bergson finement souriait
Car il songeait, reconnaissant ses auditrices :
Si Einstein les accaparait
Il me rendrait un fier service[26]. »

Je trancherais volontiers cet important débat en citant le témoignage d'André Langevin qui, dans la biographie qu'il consacra à son père, écrit :

« En fait de dames du monde, il n'y avait sans doute que la comtesse de Noailles, Mme de Singer-Polignac, qui avait fait des dons généreux au Laboratoire de physique expérimentale du Collège, et la comtesse Greffülhe, qui pratiquait le même genre de mécénat[27]. »

À propos de cette Élisabeth de Riquet de Caraman-Chimay, comtesse Greffülhe, précisons que, dans la bonne société d'alors, son nom se prononçait *Greffeuille* ; précisons encore qu'elle était l'amie de Marcel Proust (du moins voulait-il le croire) et l'une de ses principales sources d'inspiration pour l'immortelle duchesse de Guermantes.

*

Paul Langevin et Albert Einstein à la tribune ; Henri Bergson et la belle comtesse au premier rang des spectateurs ; dans leur dos, une forêt de hauts-de-forme entrecoupée çà et là d'un petit bibi ou d'un béret à plumes : le décor est planté. Imaginons la suite. Paul Langevin est le premier à prendre la parole. Il lui revient le redoutable honneur de présenter Herr Einstein, tâche dont il s'acquitte en commençant par dire que Herr Einstein n'est plus à présenter. Herr Einstein écoute poliment, un demi-sourire aux lèvres. Applaudissements nourris à la fin de cette première partie, qui n'a encore semé personne. C'est au tour de l'« hôte exceptionnel » de s'exprimer. Se levant derrière la table car il ne se sent pas à l'aise pour parler assis, le grand savant toussote et prie le public, qu'il remercie d'être venu si nombreux, de bien vouloir l'excuser pour son français déplorable – il est vrai qu'il a un accent à couper au couteau. Après quoi il se lance dans l'exposé de sa théorie, qu'il s'efforce de rendre aussi clair que possible. C'est un long monologue. Le silence, religieux tout d'abord, s'autorise au bout d'un moment quelques raclements de gorge. Une oreille attentive percevrait même, dans le fond, quelque discret mais persistant ronflement qui indispose au plus haut point la voisine du dormeur, laquelle se dresse sur sa chaise pour bien montrer que ce n'est pas elle qui a cédé au sommeil. Indifférent à son auditoire qu'il semble ne plus vraiment voir, Einstein parle, parle, parle. De l'invariance de la vitesse de la lumière, des équations de Maxwell, des transformations de Lorentz... Et encore de l'égalité de la masse inerte et de la masse pesante (un monsieur assis au troisième rang croit entendre masse *pensante* et regarde son voisin, ahuri), du principe d'équivalence, des tenseurs métriques... Il en arrive enfin à son équation de champ de la relativité générale, dont le public sent bien à son ton réjoui qu'elle doit constituer une sorte d'aboutissement de tout le raisonnement qui a précédé, et qui en a abandonné plus d'un en chemin.

Quand il a terminé, tous se redressent brusquement et applaudissent à tout rompre. C'est un triomphe. L'ovation dure longtemps, malgré les petits signes du conférencier qui, confus de tant d'honneur, invite ses auditeurs à se rasseoir, ce qu'ils finissent tout de même par faire en se congratulant mutuellement. Vient le moment des questions, tant redouté du public comme du conférencier. Le savant promène son regard de velours sur la salle où personne n'ose se déclarer. Puis un téméraire se lance, là-bas, sur la droite. Sa question est parfaitement stupide, comme presque toutes celles qui suivent – toutes si naïves qu'Einstein finit par douter s'il n'a tout simplement pas parlé dans le vide pendant plus d'une heure. Mais voici que M. Bergson lui aussi a une question à poser à Herr Einstein, et la comtesse Greffülhe tourne vers lui son beau visage. Cette question n'est pas naïve comme les précédentes mais elle est si longue, si argumentée, que ni la comtesse, ni celui à qui elle s'adresse, ni personne d'autre dans la salle n'est bien certain de l'avoir saisie. N'importe. Herr Einstein répond comme il peut, et c'est à côté. M. Bergson, un peu désarçonné, le remercie néanmoins et déclare qu'il se réjouit de prolonger cet intéressant échange à la Société française de philosophie le 6 avril. Nouveaux applaudissements – les derniers avant de se quitter, enchantés. C'est alors que la comtesse Greffülhe intercepte le regard du savant qui ne semble pas totalement hermétique à son charme : on a beau être un génie, on n'en est pas moins homme !

Fin de la conférence.

Bergson *vs* Einstein : le rendez-vous manqué

Où l'on ressort déçu d'une conférence dont on attendait beaucoup.

Mais, trêve de mondanités, revenons-en aux choses sérieuses. Nous voici le 6 avril 1922 à la Société française de philosophie, où nous avons dû jouer des coudes pour trouver place. Tous ces messieurs autour de nous (car, naturellement, ainsi le veut l'époque, il n'y a plus que des messieurs – à part vous, chère lectrice), tous ces messieurs, donc, retiennent leur souffle, et nous aussi. Le père de la théorie de la relativité invité à débattre de la nature du temps avec l'auteur de l'*Essai sur les données immédiates de la conscience* et de *Matière et Mémoire* : ce n'est tout de même pas tous les jours qu'on a la chance de pouvoir assister à pareille confrontation ! Quelles étincelles ne vont-elles pas jaillir du choc de ces deux esprits, qu'on tient pour deux des plus puissants de leur époque ! – Le compte rendu de la séance est là pour nous répondre : aucune. Bien que l'un et l'autre fussent parfaitement ponctuels au rendez-vous, ce fut un rendez-vous manqué.

Moins d'une semaine après la triomphale conférence d'Einstein au Collège de France, Bergson était bien décidé à faire valoir ses propres vues sur le temps, qu'il s'apprêtait à exposer une nouvelle fois dans un prochain ouvrage (à paraître à l'automne), *Durée et Simultanéité*, justement sous-titré *À propos de la théorie d'Einstein.*

Il n'est qu'à ouvrir un manuel de philosophie pour savoir ce que Bergson avait à reprocher à Einstein, comme d'ailleurs à tous les physiciens avant ou après lui : en substance, de ne faire intervenir dans ses équations qu'un *simulacre de temps*, une pure construction mentale objectivée par une ligne (la fameuse « ligne du temps ») ou par ce qui n'en est que la traduction mathématique, la variable *t*. Ce temps spatialisé, c'est-à-dire *dénaturé*, qu'utilisent les physiciens n'entretient qu'un rapport assez lointain avec la vraie réalité du temps, laquelle ne se laisse approcher que dans l'expérience que nous faisons tous et quotidiennement de la *durée*, par exemple lorsque nous attendons que le morceau de sucre ait fini de fondre dans notre thé pour le boire.

Pendant un long moment – sensiblement plus long qu'il n'en faut à un morceau de sucre pour fondre dans une tasse –, Bergson écouta poliment, et attentivement, les échanges entre Einstein et les distingués membres de son auditoire, ses confrères physiciens MM. Langevin et Becquerel, M. Painlevé le mathématicien, M. Brunschvicg le philosophe, etc. Puis, sur l'invitation d'un certain M. Le Roy, il sortit enfin de son respectueux silence :

> « J'étais venu ici pour écouter. Je n'avais pas l'intention de prendre la parole*. Mais je cède à l'aimable insistance de la Société de philosophie. Et je commence par dire à quel point j'admire l'œuvre de M. Einstein. Elle me paraît s'imposer à l'attention des philosophes autant qu'à celle des savants. Je n'y vois pas seulement une physique nouvelle, mais aussi, à certains égards, une nouvelle manière de penser. Un approfondissement complet de cette œuvre devrait naturellement porter sur la théorie de la Relativité généralisée aussi bien

* Ce genre de pieux mensonge est toujours de bon ton en pareilles circonstances ; c'est la courtoisie des hommes de savoir. Il présente en outre l'avantage de donner à penser que l'intervention qui va suivre est spontanée et comme improvisée, alors qu'elle a bien sûr été minutieusement préparée.

que sur celle de la Relativité restreinte, sur la question de l'espace aussi bien que sur celle du temps. Puisqu'il faut choisir, je prendrai le problème qui m'intéresse spécialement, celui du temps. Et puisqu'il ne faudrait pas parler du temps sans tenir compte de l'heure, et que l'heure est avancée, je me bornerai à des indications sommaires sur un ou deux points. Force me sera bien de laisser de côté l'essentiel[28]. »

L'heure avancée n'empêcha pas Bergson de développer un assez long raisonnement sur la notion de simultanéité, au sujet de laquelle il déclarait vouloir réconcilier les points de vue relativiste et intuitif (gageure qui, personnellement, me paraît impossible à relever) ; son laïus se concluait en ces termes :

« Une fois admise la théorie de la Relativité en tant que théorie physique, tout n'est pas fini. Il reste à déterminer la signification philosophique des concepts qu'elle introduit. Il reste à chercher jusqu'à quel point elle renonce à l'intuition, jusqu'à quel point elle y demeure attachée. Il reste à faire la part du réel et la part du conventionnel dans les résultats auxquels elle aboutit [...]. En faisant ce travail pour ce qui concerne le Temps, on s'apercevra, je crois, que la théorie de la Relativité n'a rien d'incompatible avec les idées du sens commun[29]. »

Las ! Ce louable esprit d'œcuménisme ne servit de rien. Einstein ce jour-là ne semblait pas d'humeur à « faire la part du réel et du conventionnel » dans sa théorie maîtresse, et gratifia le philosophe de la durée d'une réponse fort courte, assez sèche (au surplus sans rapport évident avec la teneur de son intervention), se terminant par la phrase suivante, tranchante comme un couperet :

« Il n'y a pas un temps des philosophes ; il n'y a qu'un temps psychologique différent du temps du physicien[30]. »

Et ce fut tout. Cette rencontre décevante me fait songer à celle qui eut lieu cette même année 1922, le 18 mai, entre Marcel Proust et James Joyce dans les salons de l'hôtel Majestic. Le premier allait mourir six mois plus tard, le second venait de publier *Ulysse*… et ils ne trouvèrent rien à se dire. « Notre conversation s'est résumée au mot "non", devait noter Joyce. Proust m'a demandé si je connaissais le duc d'Untel. J'ai répondu non. Notre hôtesse lui a demandé s'il avait lu telle ou telle partie d'*Ulysse*, il a répondu non. »

Dans un cas comme dans l'autre, il était bien naïf de croire qu'il aurait pu en être autrement.

Les grands esprits ne se rencontrent jamais.

Petit dialogue entre moi et moi (2)

Où l'auteur se dédouble à nouveau pour tenter malgré tout, à ses risques et périls, de prolonger le débat.

Moi. – Je te vois bien songeur…

Moi. – Je repensais à cette phrase d'Einstein.

Moi. – Quelle phrase ?

Moi. – Cette assertion quelque peu péremptoire par laquelle il mit fin à son dialogue de sourds avec Bergson : « Il n'y a pas un temps des philosophes. »

Moi. – Ah ! Eh bien ?…

Moi. – Einstein en dit ou trop ou trop peu. Qu'est-ce que ça veut dire « il n'y a pas un temps des philosophes » ?

Moi. – *(Répétant avec l'accent allemand :)* « Il-n'y-a-pas-un-temps-des-philosauphes, Herr Bergson. » Bah, maintenant que tu me le demandes… Mais si tu me poses la question, c'est que tu as déjà une petite idée de la réponse, n'est-ce pas ?

Moi. – Je ne peux rien te cacher. Je crois qu'Ein…

Moi. – *(L'interrompant d'un geste de la main :)* Attention, tu t'apprêtes à faire parler un mort. C'est toujours un exercice périlleux, à plus forte raison lorsque le mort s'appelle Albert Einstein et qu'il maniait suffisamment bien la plume pour expliciter tout seul sa propre pensée chaque fois qu'il le jugeait nécessaire. Je ne saurais trop te conseiller…

Moi. – … La plus extrême prudence. Merci. Je me lance. En disant : « Il n'y a pas un temps des philosophes », je crois qu'Einstein voulait dire quelque chose comme : « Le temps dont parlent Herr Bergson et les autres philosophes n'est pas un temps à part, affranchi des lois de la physique ; c'est le même que celui qui entre en jeu dans nos équations. Si l'on tient le temps pour quelque chose de réel, existant indépendamment de la notion que nous en avons, il ne peut être qu'*un* ; et cette entité unique qu'étudient, chacun à sa manière, le philosophe et le physicien, étant un élément du monde réel, c'est-à-dire de la *physis*, est soumise comme le reste à ses lois. En insistant un peu lourdement sur ce point, je n'entends pas insinuer que les physiciens ont une quelconque exclusivité sur la question du temps. Les philosophes ont tout autant qu'eux le droit – et même le devoir – de s'en emparer. Mais leurs analyses et leurs réflexions ne peuvent avoir d'intérêt que si elles tiennent compte des découvertes étonnantes que les théories physiques en général, et celle de la relativité en particulier, nous ont permis de faire à ce sujet. »

Moi. – Le physicien tient en bride le philosophe, c'est bien ce que tu es en train de me dire ?… Et si sa vision du monde, ou la logique même de son système philosophique, conduit un philosophe à proférer une affirmation difficilement compatible avec tel ou tel résultat de la physique ?

Moi. – Autant qu'il se mette à l'accordéon.

Moi. – Je te confirme que tu t'aventures sur un terrain glissant… Mais, lorsque Einstein ajoute : « Il y a un temps psychologique différent du temps des physiciens », ne reconnaît-il pas lui-même l'existence d'un autre temps que le temps physique ?

Moi. – Nullement. Tout ce qu'il reconnaît là, c'est cette plate évidence que, sur l'expérience que les hommes et les autres êtres vivants doués de conscience se font du temps, les équations restent muettes…

Moi. – Il ne manquerait plus qu'elles se mêlent de *ça* aussi !…

Moi. – … Mais ce « temps psychologique » – ou plus exactement cette dimension psychologique de notre expérience du temps, que nous appelons, par raccourci, temps psychologique –, il est bien clair qu'Einstein ne le place pas sur le même plan ontologique que le temps physique : encore une fois, celui-ci est le seul réel ; l'autre n'en est que l'ombre portée, la projection sur l'écran de la conscience.

Moi. – Il me semble voir d'ici tiquer « Herr Bergson »…

Moi. – « Tiquer » ? Tu veux dire que cette opinion lui aurait fait dresser les cheveux sur la tête, s'il avait eu des cheveux. Son point de vue était à l'exact opposé de celui d'Einstein, puisqu'il estimait que la réalité du temps était à rechercher en nous-mêmes, dans la perception immédiate que nous en avons. Par exemple dans ce sentiment d'impatience (et d'impuissance) que nous éprouvons lorsque nous attendons que le morceau de sucre ait fini de fondre dans la tasse…

Moi. – Ah ! oui, le fameux morceau de sucre ! Je connais la musique : pour Bergson, le petit *t* des équations, la ligne du temps et sa succession de points, la ronde des aiguilles autour du cadran, etc., toutes ces choses ne sont que des artefacts sans autre valeur que pratique, des tentatives maladroites pour saisir l'insaisissable, toucher l'intangible. (*Un silence.*) Je t'avouerai que je me sens tout de même plus proche de la position de Bergson que de celle d'Einstein.

Moi. – Et moi aussi – puisque toi et moi ne faisons qu'un ! C'est la preuve que nous n'avons pas une horloge à la place du cœur, ou du cerveau. Mais posons-nous la question : *si* nous n'étions plus là, s'il n'était plus nulle part aucune paire d'yeux pour regarder tourner l'aiguille ou fondre le morceau de sucre, le temps tel que l'entendait Einstein existerait toujours ; mais tel que l'entendait Bergson ?

Moi. – Certes ! Sans conscience, pas de conscience du temps, donc pas de « temps psychologique ». Tu parlais tout à l'heure de « plate évidence ». Il me semble qu'en voici une…

Moi. – Ne commence pas à être désagréable.

Moi. – Pardonne-moi. Donc, « Einstein 1, Bergson 0 »… est-ce ainsi que se conclut le match ?

Moi. – Pas tout à fait. Bien qu'il n'eût apparemment rien compris à la théorie de la relativité *, Bergson n'en a pas moins posé à son sujet deux ou trois questions fort pertinentes.

Moi. – Comme ?…

Moi. – Tu n'ignores pas que, pour Einstein, le temps ne doit pas être pensé comme un passage, un flux s'écoulant du passé vers l'avenir.

Moi. – Oui, je sais. Tu vas encore me parler de « bloc d'univers », de « quadridimensionnalité »…

Moi. – En effet. Le temps n'est que l'une des dimensions de l'espace-temps à quatre dimensions. Dans cette conception de l'univers-bloc, ce que nous appelons d'ordinaire le « présent » est dépouillé de toute réalité objective.

Moi. – Avoue que cette couleuvre-là est assez difficile à avaler…

Moi. – Il faudra bien pourtant que tu l'avales… et la digères ! Dans un bloc d'univers, il n'y a rien qui corresponde à ce que nous appelons le présent. Il n'y a qu'un ensemble de points, chacun correspondant à un événement. Tous les points par lesquels passe un individu depuis le moment de sa naissance jusqu'à celui de sa mort dessinent une ligne, la ligne d'univers de cet individu. Chacun a la sienne – mais, fort heureusement, il arrive que ces courbes se confondent ou du moins s'entrecroisent un peu…

Moi. – Oui, oui, arrête de pontifier ! D'ailleurs, cela, je l'ai bien compris, et je l'admets. Mais tu ne me feras tout de même pas abandonner aussi facilement l'idée que le présent – celui-là même qu'Einstein aurait rayé d'un trait de plume – n'existe pas, ou plutôt qu'il n'a pas une valeur spéciale, dont sont dénués le passé et l'avenir, et qui le distingue d'eux. Le présent, c'est ici et maintenant… Je discute avec toi dans l'instant présent. Et ce soir, quand je me remémorerai notre conversation, ou que je songerai à ce que je

---

* « *Gott verzeih ihm !* » (« Que Dieu lui pardonne ! »), s'exclamera Einstein en découvrant les « bourdes » et les « boulettes monstres », « d'ordre purement physique », commises par le philosophe dans sa lecture de la théorie de la relativité.

ferai demain, ce sera encore dans l'instant présent. Quoi que nous fassions, nous ne sortons jamais de l'instant présent !

Moi. – Très juste. Nous parcourons notre ligne d'univers, point après point, instant présent après instant présent…

Moi. – Mais c'est là que je ne te suis plus ! Admettons… admettons que je ne sois qu'une sorte de… grosse chenille rampant le long de sa ligne d'univers. Aujourd'hui je suis là, dans cette pièce, et je réfléchis avec toi à ces choses ; c'est le point où j'en suis présentement de ma ligne d'univers, c'est mon « moi » actuel. Fort bien. Mais, quelque part dans mon dos, à un autre point de ma ligne d'univers, je me trouve assis par un certain soir de printemps sur un certain banc du Palais-Royal et elle… enfin, tu sais bien. Crois-moi, ces deux instants, ces deux points de ma ligne d'univers ne sont pas équivalents pour moi ! Je préférerais de beaucoup…

Moi. – Je sais. Moi aussi. Pas la peine de t'énerver…

Moi. – Je ne m'énerve pas. Je te dis juste que ces deux points ne sont pas équivalents. Il y en a un qui correspond à ce que je suis en train de vivre, et l'autre à quelque chose dont je me souviens. Ce n'est quand même pas pareil, bon sang de bois ! Pourquoi est-ce que mon « moi » actuel s'identifie au premier et plus au second ? Qu'est-ce qui, en moi, fait que *je* m'identifie actuellement à l'un et non à l'autre, quelque désir que j'en aie ? Hein, que répondrait-il donc à cela, ton Einstein ?…

Moi. – Lui, je ne sais pas mais moi, deux choses. La première : que ce n'est pas « mon » Einstein, même si j'ai pris la liberté de parler pour lui tout à l'heure. La seconde : que tu manifestes là exactement le même embarras que Bergson avant toi – et que c'est cet embarras qui l'a conduit à poser la principale de ces « deux ou trois questions pertinentes » dont je te parlais à l'instant : sans le présent, comment penser notre présence au monde ? À cette question Einstein n'avait pas de réponse – ses chères équations ne lui en fournissaient pas. Et je crois bien qu'il se l'est posée toute sa vie, et qu'il y réfléchissait encore, la vieillesse venue, quand le soleil couchant dorait les pelouses de l'Institut d'études avancées de Princeton.

Le troisième homme

Où l'on fait une brève incursion du côté de chez Proust.

> « L'impression est pour l'écrivain ce qu'est l'expérimentation pour le savant, avec cette différence que, chez le savant, le travail de l'intelligence précède et chez l'écrivain vient après. Ce que nous n'avons pas eu à déchiffrer, à éclaircir par notre effort personnel, ce qui était clair avant nous, n'est pas à nous. Ne vient de nous-même que ce que nous tirons de l'obscurité qui est en nous et que ne connaissent pas les autres. »
>
> Marcel PROUST, *Le Temps retrouvé*.

Et *lui*, Proust, que faisait-il ce 6 avril 1922 au moment précis où Einstein écoutait poliment Bergson ? Gisait-il à demi endormi au milieu de ses « paperolles », épuisé d'avoir passé la nuit à corriger et à rallonger ses épreuves ? Lisait-il dans le journal quelque article relatant le séjour à Paris de l'illustre physicien allemand ? Écoutait-il la belle comtesse Greffülhe lui raconter la séance mémorable qui s'était tenue au Collège de France quelques jours plus tôt ?...

Comme celle de Bergson, la figure de Proust est souvent rapprochée de celle d'Einstein. C'est presque toujours pour souligner cette circonstance remarquable que, à peu près à la même époque où Einstein démontrait que le temps physique ne possède pas ce caractère uniforme, invariable, que lui avait prêté Newton – les durées sont élastiques –, Proust faisait de même dans l'ordre psychologique, semant *À la recherche du temps perdu* de phrases telles que :

> « Pour parcourir les jours, les natures un peu nerveuses, comme était la mienne, disposent, comme les voitures automobiles, de "vitesses" différentes. Il y a des jours montueux et malaisés qu'on met un temps infini à gravir et des jours en pente qui se laissent descendre à fond de train en chantant[31]. »

… ou :

> « … En général, plus le temps qui nous sépare de ce que nous nous proposons est court, plus il nous semble long, parce que nous lui appliquons des mesures plus brèves ou simplement parce que nous songeons à le mesurer[32]. »

… avant de confier négligemment à son ami le duc de Guiche, dans une lettre datée de décembre 1921 :

> « Que j'aimerais vous parler d'Einstein ! On a beau m'écrire que je dérive de lui, ou lui de moi, je ne comprends pas un seul mot à ses théories, ne sachant pas l'algèbre. Et je doute pour sa part qu'il ait lu mes romans. Nous avons paraît-il une manière analogue de déformer le Temps[33]. »

Cette élasticité commune au temps physique tel qu'on le trouve chez Einstein et au temps psychologique tel qu'on le trouve chez Proust est presque devenue un cliché à force d'être évoquée. Mais il me semble qu'il ne s'agit là que d'une analogie superficielle, une ressemblance de façade nous cachant le véritable point de jonction du savant et de l'écrivain. Leur affinité est autrement plus profonde, autrement plus substantielle ! Elle ne se révèle pleinement, selon moi, que dans la toute dernière page du *Temps retrouvé* (et de toute la *Recherche*), lorsque au sortir de la matinée chez la princesse de Guermantes le narrateur a cette vision frappante d'hommes juchés sur des échasses qui « grandissent sans cesse » à mesure qu'ils avancent en âge, et qu'il se promet de marquer son œuvre future « au sceau du Temps » :

> « [J'y décrirai les hommes comme] occupant dans le Temps une place autrement considérable que celle si restreinte qui leur est réservée dans l'espace, une place, au contraire, prolongée sans mesure, puisqu'ils touchent simultanément, comme des géants, plongés dans les années, à des époques vécues par eux, si distantes – entre lesquelles tant de jours sont venus se placer – dans le Temps[34]. »

Je serais curieux de savoir ce qu'Einstein, s'il l'avait eue sous les yeux, aurait pensé de cette ultime page de Proust – cette page-testament. Comment aurait-elle pu ne pas renvoyer le physicien à sa propre théorie de la relativité ? Avec ces « échasses » étirées jusqu'à des hauteurs vertigineuses, ces « géants » touchant *simultanément* à des époques distantes de plusieurs dizaines d'années, le romancier n'a-t-il pas eu une intuition étonnamment proche du concept de ligne d'univers ? Et, surtout, n'a-t-il pas rejoint Einstein dans sa dénonciation du caractère illusoire du temps comme passage ?

Bachelard *vs* Bergson : la mélodie et le kaléidoscope

Où les équations suspendent leur jugement.

Le temps est relatif ; il forme avec l'espace un tout inséparable, une entité à quatre dimensions ; la matière et l'énergie ont sur cette entité un effet déformant : c'est là le genre de choses que la physique peut nous apprendre (et nous apprend en effet) au sujet du temps. Mais elle ne peut pas *tout* nous dire à son sujet, elle ne peut pas répondre à *toutes* les questions que son insaisissable nature suscite en nous. Si par exemple je me fais la remarque que le temps se manifeste à notre entendement sous deux espèces contraires, l'une étant la notion de *durée* et l'autre celle d'*instant*, et que je m'inquiète de savoir laquelle de ces deux notions est seconde par rapport à l'autre, il semble bien que je sorte là du domaine de la physique pour entrer dans celui de la métaphysique, de la philosophie.

Sur cette question et les autres de ce genre, les équations gardent le silence. Disons mieux : elles ne se prononcent pas – elles suspendent leur jugement. Cette *épochê* de la physique et des physiciens donne licence aux philosophes de philosopher librement, sans entrave ; c'est-à-dire qu'elle rend possible la coexistence de thèses différentes, voire opposées – ce qui est impossible en physique.

Ainsi, de ce que Bergson, dans *Durée et simultanéité*, soutient que l'essence du temps est la durée :

> « Écoutez la mélodie en fermant les yeux, en ne pensant qu'à elle, en ne juxtaposant plus sur un papier ou sur un clavier imaginaires les notes que vous conserviez ainsi l'une pour l'autre, qui acceptaient alors de devenir simultanées et renonçaient à leur continuité de fluidité dans le temps pour se congeler dans l'espace : vous retrouverez indivisée, indivisible, la mélodie ou la portion de mélodie que vous aurez replacées dans la durée pure. Or notre durée intérieure, envisagée du premier au dernier moment de notre vie consciente, est quelque chose comme cette mélodie[35]... »

... et son contemporain Bachelard, dans *L'Intuition de l'instant*, prétend *au contraire* que c'est l'instant :

> « Le temps ne se remarque que par les instants. [...] Qu'on se rende donc compte que l'expérience immédiate du temps, ce n'est pas l'expérience si fugace, si difficile, si savante, de la durée, mais bien l'expérience nonchalante de l'instant, saisi toujours comme immobile. [...] On se souvient d'avoir été, on ne se souvient pas d'avoir duré. [...] La mémoire, gardienne du temps, ne garde que l'instant ; elle ne conserve rien, absolument rien, de notre sensation compliquée et factice qu'est la durée[36]... »

... devons-nous nécessairement conclure que l'un a raison contre l'autre, dit vrai à l'exclusion de l'autre ? Je ne le crois pas. Car que font ici Bergson et Bachelard, sinon transcrire chacun dans la langue qui lui est propre, ou selon sa propre pierre de Rosette, le même mystérieux et polysémique hiéroglyphe ?

L'un nous parle d'une mélodie intérieure, ininterrompue et quasi imperceptible ; l'autre nous suggère entre les lignes cette autre très féconde image d'une mémoire-kaléidoscope, toute miroitante de ces fragments colorés et changeants que sont les instants remémorés. Fort bien. Et maintenant, qu'observe-t-on au sein du petit groupe de personnes à qui il a été demandé d'examiner soigneusement, l'un après l'autre, ces deux textes ? Que deux camps se sont formés, prêts à en découdre. Et je ne doute pas que chaque camp saura trouver des arguments (y compris des arguments auxquels ni Bergson ni Bachelard n'avaient songé) visant à prouver sa supériorité sur le camp adverse. Mais je doute, oui je doute qu'il en résulte un jour la victoire définitive de la mélodie sur le kaléidoscope, ou du kaléidoscope sur la mélodie. Ce qui, pour les esprits un peu versatiles tels que le mien, fait justement tout le sel de la philosophie.

Digression 4
Qu'il y a controverse et controverse

Où l'on compare les méthodes des scientifiques et des philosophes.

Les controverses du genre de celle qui opposa Bergson et Bachelard au sujet de l'essence du temps se rencontrent aussi bien en science, mais elles n'ont pas le même statut ni ne remplissent la même fonction qu'en philosophie. Toute la rougeoyante clarté où baigne la philosophie lui vient de ces discussions par livres interposés que, de génération en génération, les continuateurs et commentateurs des philosophes qui en furent les premiers protagonistes se font un devoir d'entretenir à l'aide de nouveaux arguments, de nouveaux livres destinés à alimenter le grand brasier de la dispute, exactement comme on nourrirait un feu qui serait l'unique source de chaleur et de lumière dont on disposerait. Mais ces mêmes foyers que les philosophes s'évertuent à nourrir de leurs cogitations, les scientifiques au contraire n'ont de cesse qu'ils ne les aient étouffés sous la cendre, et tous leurs efforts tendent à réaliser quelque nouvelle découverte, quelque nouvelle observation ou expérience qui, en invalidant une première théorie au profit d'une seconde plus puissamment prédictive qu'elle, éteindra définitivement la polémique.

Une longue série de controverses émaille pareillement l'histoire de la science et celle de la philosophie, mais cette ressemblance n'est que de surface : car, tandis que la philosophie consiste en ces controverses mêmes, en leur approfondissement continu au fil des siècles, la science réside tout entière dans leur dépassement.

H. G. Gödel

Où l'on retrouve notre logicien fou, qui fait maintenant de l'ombre à H. G. Wells.

Quelques mots au sujet de H. G. Wells

Nous avions laissé Einstein le 6 avril 1922 à Paris. Rejoignons-le quelque vingt-cinq ans plus tard dans ce temple de la pensée pure, cette abbaye de Thélème du XXe siècle, ce havre pour génies solitaires qu'était l'Institut d'études avancées de Princeton, New Jersey.

Nous sommes en 1946, par une belle après-midi d'été. Einstein, pipe en bouche, chemine le long des pelouses coupées ras, plantées çà et là de majestueux chênes rouges. Il n'est pas seul. À son côté marche un homme plus frêle que lui, enveloppé dans un grand manteau de laine sombre malgré l'ardeur du soleil, le regard étrangement liquide derrière ses lunettes rondes aux verres épais.

Cet homme qui s'est enfui de sa Vienne natale à la suite de l'Anschluss après que sa femme Adele eut mis en fuite à coups de parapluie un groupe de nazillons qui s'en étaient pris à lui, vous l'avez déjà rencontré au fil de ces pages, cher lecteur. Il s'agit de

Kurt Gödel, le logicien. Celui-là même qui, en 1931, a découvert « la vérité mathématique la plus significative du siècle », à savoir que – je cite une nouvelle fois Palle Yourgrau :

> « Tout système formel suffisamment puissant, étant donné les limitations qui lui sont imposées dans la mesure où il est réellement formel, contient toujours une formule qui, bien qu'intuitivement vraie, ne pourra jamais être démontrée à l'intérieur de, ou relativement à, ce système. La même chose vaut pour sa négation. Cette formule [...] resterait cependant démontrable dans un système formel plus grand, sauf que ce système formel plus grand serait à son tour impuissant à démontrer une nouvelle formule pourtant intuitivement vraie. Et ainsi de suite[37]. »

« "Ainsi de suite" *ad infinitum* », ajouterait peut-être le fantôme Cantor dans un sinistre ricanement. Ainsi l'Incomplétude domine-t-elle comme une fatalité, hante-t-elle comme une malédiction le ciel platonicien des mathématiques. Et c'est lui, Gödel, qui l'a découvert.

Pour éviter d'avoir à traverser l'Atlantique où il craignait de se faire arrêter par les Alliés à cause de son passeport allemand, il obligea la vaillante Adele à le suivre dans un interminable périple autour du monde : M. et Mme Kurt Gödel prirent le Transsibérien pour aller au Japon, puis le bateau jusqu'à San Francisco, où ils débarquèrent le 4 mars 1940 ; là les attendait un nouveau long trajet en train à travers les États-Unis avant d'arriver enfin à Princeton. Et d'y retrouver Einstein.

Les deux exilés se connaissaient depuis plusieurs années : ils s'étaient rencontrés la première fois en ce même Institut des études avancées en 1933 lors d'un court séjour qu'y avait fait le logicien autrichien. De retour dans sa patrie, sa fragilité mentale lui avait valu d'être hospitalisé à plusieurs reprises dans divers sanatoriums des environs de Vienne – tout comme Cantor à Halle au siècle précédent. Mais ce n'est qu'à partir de 1942 qu'une indéfectible amitié se noua entre l'auteur de la théorie de la relativité et celui du théorème d'incomplétude.

Les grands esprits ne se rencontrent jamais, avons-nous dit à propos d'Einstein et de Bergson. L'amitié d'Einstein et de Gödel m'oblige à nuancer cette assertion quelque peu téméraire : disons qu'il est bien rare que les grands esprits se rencontrent, mais que cela se produit parfois, dans des circonstances tout à fait exceptionnelles, par exemple à la faveur d'une guerre mondiale. Einstein avait reconnu en Gödel une intelligence de la même puissance que la sienne, ce qui ne devait pas lui arriver souvent. Le physicien Freeman Dyson, qui fit partie des *happy few* ayant pu observer les deux aigles retirés en leurs aires, devait dire un jour :

> « Gödel était le seul de nos collègues qui côtoyât Einstein en lui parlant d'égal à égal[38]. »

Quant à Einstein lui-même, il affirmait aller à son bureau…

> « … juste pour avoir le privilège de rentrer à la maison en compagnie de Kurt Gödel[39]. »

Les voici donc, en cette belle après-midi du 14 août 1946, rentrant à leurs domiciles respectifs d'un pas nonchalant, discutant à bâtons rompus. De quoi parlent-ils ? Peut-être de Kant, qu'ils dévorèrent l'un et l'autre vers l'âge de 15 ou 16 ans. À moins que Gödel ne soit en train d'essayer de convaincre Einstein (qui était spinoziste) de l'incommensurable supériorité du système de Leibniz, ce philosophe auquel il vouait une admiration telle qu'il suspectait « ceux qui ne veulent pas que l'homme devienne plus intelligent » d'avoir secrètement détruit ses textes les plus profonds. (Gödel était incurablement paranoïaque, ne l'oublions pas.) Mais je crois plutôt que leur discussion roule ce jour-là sur Herbert George Wells, disparu la veille à l'âge de 79 ans. « Un sacré coureur de jupons », fait remarquer Einstein avec un sourire égrillard. Gödel, que ces choses n'intéressent guère, ne relève pas. L'autre change de registre : « Savez-vous, mon cher Kurt, que c'est après avoir lu l'un des romans d'anticipation de Wells, *La Destruction libératrice* je crois, que mon ami Leó Szilárd aurait conçu l'idée de la réaction nucléaire en chaîne ? C'est du moins ce qu'il m'a toujours dit. Croyez-moi, il s'en est mordu les doigts quelques années plus tard, quand il a vu à quoi avait abouti le projet Manhattan… » Gödel hoche négligemment la tête – au fond, la réaction en chaîne et les bombes atomiques sur Hiroshima et Nagasaki ne l'intéressent pas beaucoup plus que la bagatelle. « N'est-ce pas lui aussi qui a publié ce roman sur le voyage temporel ? » finit-il par demander en cherchant à se rappeler le titre de cet ouvrage qu'il n'a évidemment pas lu – pourquoi perdre du temps à lire ces textes inconsistants qu'on appelle des romans quand une vie humaine vous en laisse déjà si peu pour bien se pénétrer des écrits d'un Leibniz, d'un Kant, d'un Husserl ?

Einstein lève un sourcil amusé : « Kurt, vous m'étonnerez toujours… N'importe quel gamin sait cela. *La Machine à explorer le temps*. C'est son roman le plus connu, bon sang ! » Une fillette suçotant une glace arrive à la hauteur des deux hommes et reconnaît le célèbre physicien qu'elle salue d'un joyeux : « Bonjour, monsieur le professeur ! » Einstein lui répond d'un petit geste de la main tout en songeant à part lui qu'il dégusterait bien une glace, lui aussi. « Ce pauvre Szilárd, poursuit-il, après ce qui s'est passé, je suis sûr qu'il donnerait dix années de sa vie ou même vingt en échange d'une telle machine. Ces dizaines de milliers de malheureux Japonais qui se sont volatilisés en l'espace d'une seconde lui pèsent fichtrement sur la conscience, et à moi également je dois vous l'avouer*… » Mais déjà Gödel ne l'écoute plus. L'évocation

* « *Oj weh !* » (« pauvre de moi ! ») s'était-il exclamé en entendant à la radio le largage sur Hiroshima, le 6 août 1945, de la première bombe A, « Little Boy ». Sans doute pensa-t-il alors à sa tournée triomphale de 1922 au Japon, « pays joyeux et beau, avec un peuple délicat et sensible », comme il l'avait écrit dans une carte postale adressée à son ami Max Born. En 1946, il se procurera, pour le distribuer à ses amis, un millier d'exemplaires du terrible et bouleversant récit qu'un journaliste du *New*

du roman de feu H. G. Wells l'a rendu songeur. Peu lui chaut de savoir à quoi peut bien ressembler la machine imaginée par l'auteur britannique, ni quels principes physiques farfelus il invoque à l'appui de son histoire : si l'on admet un instant que le voyage dans le temps est possible, non bien sûr en termes pratiques mais sur le plan théorique, cela ne veut-il pas nécessairement dire que saint Augustin se trompe quand il affirme que le passé n'est plus et l'avenir pas encore ? La possibilité – fût-elle purement théorique – de retourner dans le passé n'implique-t-elle pas nécessairement que le passé n'est pas véritablement passé, qu'il n'a pas disparu dans le néant ? A *contrario,* s'il était avéré que le passé existe toujours, et que l'avenir existe déjà (Gödel sent bien qu'il n'emploie ces deux adverbes de temps, « toujours » et « déjà », que faute de termes plus adéquats), alors se trouverait satisfaite une première condition *sine qua non* à la possibilité de voyager dans le temps. Or, que le passé subsiste et l'avenir préexiste, n'est-ce pas la signification profonde, sur le plan métaphysique, de la grande et belle théorie élaborée par son ami et compagnon de promenade ? À ce premier niveau encore rudimentaire d'analyse, cette possibilité ne semble donc pas exclue, conclut-il. Oui mais, de là à… – « Kurt, vous m'écoutez ?… »

Happy birthday, Professor !

Nous qui n'avons pas besoin de la machine de Wells pour voyager dans le temps, transportons-nous par la pensée quelque trois ans après cette promenade estivale, en mars 1949. Très exactement le 19 mars 1949, qui était un samedi. Cinq jours plus tôt, Albert Einstein a eu 70 ans.

Yorker avait fait du bombardement d'Hiroshima, avant de s'opposer dans les médias à la fabrication d'une bombe à hydrogène. « Si j'avais su que les Allemands ne réussiraient pas à développer la bombe atomique, je n'aurais pas soutenu sa fabrication », déclarera-t-il à la presse en 1947 à propos de sa fameuse lettre de 1939 au président Roosevelt, qu'il avait exhorté à ne pas se laisser distancer par le régime nazi dans la course à l'arme nucléaire.

On peut nourrir de sérieux doutes quant à la réalité du passage du temps et se prêter néanmoins à cette coutume consistant à fêter son anniversaire, en famille ou avec quelques amis. C'est ce que fit Einstein ce samedi 19 mars, jour fixé par ses collègues de l'Institut pour la petite cérémonie organisée en son honneur.

Une photo de groupe a immortalisé cette réception que l'on devine plus compassée que franchement joyeuse. On y voit, serrés autour du célèbre septuagénaire, les physiciens Eugene Wigner, Hermann Weyl, Isidor Rabi et Rudolf Ladenburg, tous chassés de la vieille Europe par Adolf Hitler, ainsi que leur « patron », le directeur de l'Institut, Robert Oppenheimer. Kurt Gödel est là aussi, entre Eugene Wigner et Isidor Rabi, devant Hermann Weyl qui le dépasse d'une tête ; il croise ses mains sur son ventre et s'efforce de sourire comme tout le monde, mais on ne le sent pas très à son aise. Gödel n'était jamais très à son aise en présence d'autres êtres humains. Il craignait beaucoup les microbes et évitait autant que faire se pouvait tout contact physique non strictement nécessaire.

Qui dit fête d'anniversaire dit cadeau d'anniversaire. Bien qu'étranger à la plupart des conventions humaines, Gödel le sait et il n'est pas venu les mains vides. Il est même particulièrement fier, en ce samedi 19 mars 1949, du présent qu'il destine à son grand ami. Et maintenant, cher lecteur, permettez-moi de vous poser la question : quel précieux cadeau Gödel a-t-il fait à Einstein pour ses 70 ans ? Une luxueuse édition des *Œuvres complètes* (ou prétendues telles) de Gottfried Wilhelm Leibniz ?... Le manuscrit autographe de son propre théorème d'incomplétude ?... Une place au cinéma pour aller voir avec lui *Blanche-Neige et les Sept Nains* de Disney, son film préféré ?... Eh bien non, rien de tout cela. Son cadeau a quelque chose à voir avec les voyages dans le temps – mais ce n'est pas une machine.

Il s'agit d'un court texte dont le titre peu engageant suffit sans doute à décourager la plupart des lecteurs de H. G. Wells et autres amateurs de science-fiction : « Une remarque sur la relation entre la théorie de la relativité et la philosophie idéaliste ». Ces quelques pages aussi denses que sèches, Gödel y a travaillé d'arrache-pied plusieurs mois durant, allant même jusqu'à annuler ses habituelles vacances estivales au bord de la mer et prévenir ses proches qu'il cesserait d'ouvrir son courrier tant qu'il n'en aurait pas fini. Elles ont pris place dans le volume de la *Library of Living Philosophers* consacré à Einstein et paru cette même année 1949, ainsi que l'avait souhaité l'excellent Paul Arthur Schilpp, créateur et cheville ouvrière de cette collection.

Travail de commande, donc. Mais ni le commanditaire ni personne d'autre ne pouvait imaginer jusqu'à quelles extrémités cet exercice imposé entraînerait l'étrange logicien. En se fixant comme but premier de mettre en lumière comment, relativement au concept de temps, l'idéalisme kantien avait anticipé la révolution einsteinienne, Gödel a abouti à un résultat étonnant, susceptible d'interloquer bien plus de gens que n'en compte le cercle étroit des spécialistes de Kant. Un résultat de nature à allumer une flamme dans les yeux de tous ceux qui n'ont jamais ouvert la *Critique de la raison pure*, mais dévoré avec avidité, dans leurs jeunes années, *La Machine à explorer le temps*.

Ce résultat singulier, quel est-il ? Au risque de vous impatienter encore un peu plus, il me faut, avant de vous l'exposer, en revenir brièvement à cette équation de champ dans laquelle se cristallisa, en 1915, la théorie de la relativité générale d'Einstein. Juste le temps de vous en dire ceci : qu'elle admet différentes solutions, et qu'à ces solutions différentes – qui prennent, mathématiquement parlant, la forme de tenseurs métriques – correspondent différentes configurations de l'univers : statique ou dynamique, en expansion ou en contraction, criblé ou non de trous noirs, etc. Notre univers (dynamique, en expansion, criblé de trous noirs) est une solution, parmi toutes les solutions possibles, de l'équation de champ de la relativité générale.

Trouver certaines de ces solutions, plus ou moins exotiques, est l'un des passe-temps favoris des cosmologistes. Gödel, quoique n'étant pas physicien, s'était suffisamment bien pénétré en autodidacte de la théorie de son ami pour pouvoir s'adonner à ce genre d'amusement. Il se mit donc en quête d'une solution correspondant à un cas limite d'univers, à la géométrie si extrême que ses effets spatio-temporels devaient être très grossis. Il aboutit à un univers en rotation sur lui-même – que la postérité n'a pas manqué d'étiqueter « univers de Gödel » – aux propriétés pour le moins stupéfiantes. Dans un tel univers, les calculs montrent en effet qu'une fusée ou tout autre vaisseau spatial susceptible d'être assez fortement accéléré (jusqu'à une fraction significative de la vitesse de la lumière) pourrait, en allant toujours vers son futur (et que faisons-nous d'autre, je vous le demande, que d'aller toujours et inexorablement vers notre futur ?), revenir dans son passé ! En termes plus techniques, cet univers en rotation se caractérise par l'existence en son sein de lignes d'univers de « genre temps » continues et fermées. Encore une fois, peu importe si ce jargon relativiste ne vous est pas familier : considérez ces « lignes d'univers de "genre temps" continues et fermées » comme des boucles temporelles, et le fait de les parcourir à très grande vitesse comme équivalant à un voyage dans le temps – futur *et* passé.

Que de passionnantes discussions cet étrange cadeau d'anniversaire dut-il faire l'objet entre les deux hommes lorsqu'ils se retrouvaient, après leur courte journée de travail, pour faire le trajet ensemble jusqu'à leurs domiciles respectifs ! La *possibilité* de voyager dans le temps, au moins dans le modèle d'univers dont Gödel avait trouvé la formule mathématique, n'impliquait-elle pas que la tripartition du temps en passé, présent et futur était illusoire – aussi illusoire que la course du Soleil dans le ciel au-dessus de Princeton ? Gödel en était convaincu, et Einstein, nous l'avons vu, était arrivé à la même conclusion, quoique par des voies différentes. Mais, tout en reconnaissant l'importance de la contribution de son ami à la théorie de la relativité générale, il nourrissait de sérieux doutes quant à la réalité physique de l'univers de Gödel. Et puis, il se faisait vieux... Comme le souligne

Palle Yourgrau, un inexplicable et consternant silence accueillit cette si troublante « Remarque sur la relation entre la théorie de la relativité et la philosophie idéaliste », tant dans la communauté des physiciens relativistes que dans celle des philosophes métaphysiciens : sans doute ces six ou sept pages étaient-elles trop pétries de haute physique pour les philosophes, et trop philosophiques pour les physiciens.

Gödel ne désarma pas pour autant, et commença à s'intéresser de très près aux découvertes les plus récentes de la cosmologie et de l'astrophysique dans l'espoir que celles-ci viendraient confirmer la rotation de l'univers. Tel un Tycho Brahe de l'ère moderne, il se mit à établir ses propres tables, et à faire ses propres relevés statistiques sur le mouvement des galaxies lointaines. Longtemps après la mort d'Einstein, cette quête nocturne le hantait encore.

Vies parallèles (bis)

Gödel abandonnant la logique et la philosophie pour se plonger dans les ouvrages et les revues d'astrophysique, passant ses dernières années à scruter anxieusement le ciel étoilé, et cela *dans le seul but* de savoir si l'univers était oui ou non en rotation, s'il ressemblait oui ou non à cet « univers de Gödel » dont il avait défini les grandes lignes sur le papier et qui autorisait les voyages dans le temps... Cela ne vous rappelle-t-il pas quelque chose ou quelqu'un ? Si, n'est-ce pas : Cantor écumant les bibliothèques à la recherche d'ouvrages de plus en plus confidentiels au sujet de la littérature et du théâtre élisabéthains, non parce que ce théâtre et cette littérature le ravissaient ou lui tiraient des larmes, mais *dans le seul but* de prouver que Francis Bacon était William Shakespeare.

Francis Bacon n'est pas William Shakespeare, et l'univers n'est pas en rotation. Jusqu'à leur dernier souffle de vie, Cantor et Gödel se

Gödel et Einstein à l'Institut d'études avancées, 1954.
© DR.

sont épuisés à poursuivre des chimères. Mais peut-être ne pouvait-il pas en aller autrement. Œdipe, pour avoir résolu l'énigme du Sphinx, s'est crevé les yeux et condamné à l'errance. L'Énigme, c'est ce qui vous fait passer *de l'autre côté du monde.*

Petit dialogue entre Kurt et Georg

Où Gödel fait un voyage dans le passé… et la connaissance de Cantor.

(Une chambre pauvrement meublée. Georg est assis dans un fauteuil, une couverture sur les genoux, le regard perdu dans le vague. Soudain, Kurt apparaît devant lui, une pipe à la main.)

Georg (*se signant frénétiquement*). – Ha !!! Arrière, suppôt de Satan ! Ne m'approchez pas ! Ne m'approchez pas !…

Kurt. – Calmez-vous. Je ne vous veux aucun mal, et je ne suis pas un démon.

Georg. – Gardez tout de même vos distances… Vous m'avez fait une de ces peurs ! D'où sortez-vous donc ?

Kurt. – À strictement parler, de nulle part.

Georg. – Comment ça, « de nulle part » ? Vous venez bien de quelque part, non ?

Kurt. – Je viens de votre futur.

Georg. – Vous venez de mon futur ? Jésus, Marie, Joseph !… Un voyageur du futur ! Mais de quand dans le futur ?

Kurt. – Du 19 mars 1949. Je me trouvais encore il y a quelques instants à la petite cérémonie organisée à l'Institut en l'honneur de…

Georg. – L'Institut ?…

Kurt. – … L'Institut d'études avancées de Princeton, dans le New Jersey. Évidemment, cela ne vous dit rien… Bref, de retour chez moi, je me suis assis dans mon fauteuil et j'ai allumé une pipe. C'est alors qu'un Génie ressemblant à un gentleman anglais à moustaches* s'est matérialisé dans les volutes de ma fumée et m'a offert d'effectuer un voyage dans le temps, me demandant en quelle époque et en quel lieu je souhaitais me rendre.

Georg. – Voyez-vous ça !

Kurt. – J'avoue que cela m'a surpris, moi aussi… Mais je n'ai pas hésité bien longtemps. « Dans la chambre que le mathématicien Georg Cantor occupait à l'hospice de Halle, à la fin de sa vie », lui ai-je répondu. Hum… Pardonnez-moi cette intrusion inopinée. J'ai toujours regretté de ne pas vous avoir connu.

Georg. – Vous m'en voyez très flatté… À qui ai-je l'honneur ?

Kurt. – Kurt Gödel, logicien. (*Les deux hommes se serrent la main.*) Je me suis longuement frotté à votre redoutable « hypothèse du continu », savez-vous ?

Georg (*avec amertume*). – Ah ! cette vieille histoire… Dieu a mis cette hypothèse dans mon esprit mais Il n'a pas voulu que je puisse la prouver. Loué soit-Il car Sa sagesse est infinie. Mais, s'il vous plaît, ne me parlez plus de l'hypothèse du continu. Tout cela est mort en moi.

Kurt. – En vous peut-être, mais pas dans le cœur et l'esprit de vos héritiers – et ils sont nombreux. Croyez-moi, vous aurez votre revanche posthume sur tous les médiocres qui vous ont empoisonné l'existence. (*Après un silence* :) Et si je vous disais qu'il ne se rencontre plus guère de gens, en 1949, pour se souvenir encore de ce mathématicien honnête mais sans envergure que fut Kronecker, tandis que votre nom est écrit au panthéon des sciences pour votre théorie des transfinis ?… (*Il s'interrompt à nouveau, songeur.*) Avez-vous noté l'absurdité de la phrase qui s'est échappée tout à l'heure de ma bouche ?

* Kurt ne semble pas avoir reconnu le simulacre de ce cher Herbert George.

Georg. – Quelle phrase ?

Kurt. – « Je m'y trouvais encore il y a quelques instants... » N'est-elle pas parfaitement déplacée s'agissant de ma présence à une réunion qui ne se déroulera que dans... trente-deux ans, si j'en crois ce calendrier des postes accroché dans votre dos ? Et cependant, comment dire la chose autrement ? Je me trouvais encore à cette cérémonie il y a quelques instants et je ne m'y trouverai que dans trente-deux ans. Je dois avouer que ce petit « et », d'ordinaire si anodin, me plonge en l'occurrence dans un abîme de perplexité... (*Nouveau silence.*) Ce n'est d'ailleurs pas le seul paradoxe de la situation dans laquelle je me suis peut-être un peu trop inconsidérément fourré en acceptant l'offre de ce mystérieux Génie. Tel que vous me voyez, je suis un homme mûr qui va sur ses 43 ans et a connu l'exil – l'Anschluss, Hitler, une sombre histoire... Mais il se trouve à l'heure où nous parlons, dans la ville de Brno en Moravie, un petit garçon de 11 ans que ses parents surnomment « Herr Warum * » et qui n'est autre que moi-même. Il doit être en ce moment assis sur son banc d'écolier, en train d'écouter sagement le professeur. Je suis à la fois cet homme mûr et ce sage petit garçon.

Georg. – La situation est bien étrange, en effet. Mais j'ai déjà vécu assez longtemps et surmonté assez de paradoxes moi-même pour ne plus m'étonner de rien. Mais parlez-moi plutôt du monde d'où vous venez, celui de 1949... Dites-moi... (*Baissant la voix :*) La vérité sur Shakespeare a-t-elle enfin éclaté ?

Kurt. – Quelle vérité sur Shakespeare ?

Georg. – Comment ça, « quelle » vérité ? Mais, voyons, qu'il n'est pas l'auteur de ses pièces de théâtre !

Kurt (*dans un sourire*). – Comment n'en serait-il pas l'auteur si ce sont ses pièces de théâtre ? À moins que vous ne fassiez allusion à cette conception fantaisiste qui attribue à leur muse les inventions des poètes ?... Si Shakespeare n'a jamais fait qu'écrire ses

* Monsieur Pourquoi.

pièces sous la dictée de sa muse, alors, oui, il se pourrait qu'il y eût quelque abus à le tenir pour l'auteur de *Hamlet.* Du moins pourrait-on soutenir l'opinion contraire sans enfreindre la logique la plus élémentaire.

Georg. – Que me parlez-vous de muse et de logique ! Je voulais simplement dire que les pièces faussement attribuées à cet aigrefin de Shakespeare sont en réalité l'œuvre du grand Francis Bacon. C'est l'évidence même, mais en ce siècle d'obscurantisme moral et intellectuel où le Tout-Puissant a jugé bon de me faire advenir – ses voies sont impénétrables –, pas un de ces imbéciles ignares qui me servent de contemporains n'a encore voulu l'admettre. Peut-être en sera-t-il autrement à l'avenir ? Eh bien, a-t-on enfin rendu justice au philosophe ?

Kurt. – Je ne l'ai pas entendu dire. Pas plus que je n'ai entendu dire qu'on lui ait retiré la paternité du *Novum Organum* et de *La Nouvelle Atlantide* – bien que rien ne nous prouve formellement que ces deux textes ne soient pas de la main de Shakespeare.

Georg. – Si vous venez réellement de mon futur, ne pourriez-vous pas tout aussi bien poursuivre sur votre lancée et aller dans mon passé ?...

Kurt. – Je vous vois venir. C'est non : je n'irai pas jouer les enquêteurs à la cour d'Élizabeth Ire pour savoir qui, de Shakespeare ou de Bacon, a écrit le théâtre de Shakespeare. Du reste, comment le ferais-je ? Le Génie à moustaches ne m'a pas même dit comment retourner à mon époque...

Georg. – Il vous suffira de laisser tranquillement passer trente-deux ans. Vous êtes dans la force de l'âge, cette durée de vie n'est pas hors de votre portée.

Kurt. – Je préférerais prendre un raccourci. Un vaisseau spatial capable d'approcher la vitesse de la lumière ferait l'affaire... mais je crains que vous ne disposiez pas d'un tel moyen de locomotion. (*Kurt va pour ajouter quelque chose mais se ravise et reste un moment silencieux.*)

Georg. – Je vous vois bien songeur, tout à coup.

Kurt. – C'est qu'en parlant de moyen de locomotion la pensée m'est venue que je pourrais prendre le train pour Brno. À la vitesse d'escargot où vont vos tortillards, cela ne me rapprocherait de mon futur que de quelques infimes nanosecondes, mais supposez un instant que j'aille m'asseoir à côté de ce jeune « Herr Warum » et qu'il me prenne la fantaisie de lui souffler à l'oreille, en me mettant à sa portée, la substance de ce théorème d'incomplétude qui a fait ma réputation de logicien…

Georg (*se grattant le menton*). – Un théorème « s'autoengendrant », en quelque sorte ?…

Kurt. – … Ou, tout simplement, que je lui expose ce qui l'attend dans l'avenir. L'existence de ce garçon n'en serait-elle pas bouleversée ?

Georg. – Sans doute. Combien de fois ne me suis-je pas exclamé aux pires moments de ma vie : « Si j'avais su ! » Mais Dieu seul savait, Lui seul sait tout.

Kurt (*poursuivant son raisonnement sans tenir compte de la remarque de son interlocuteur*). – … Mais, en ce cas, que serait cette histoire que je lui raconterais ? J'aurais beau ne trahir aucun fait, lui dire les choses exactement comme elles se sont déroulées, je n'en passerais pas moins à côté de la vérité puisque le fait même que je lui raconte l'existence qui l'attend…

Georg. – … Doit bouleverser celle-ci. Voilà une difficulté bien intéressante.

Kurt. – Intéressante, oui, mais de pure forme puisque je sais que je ne prendrai pas ce train. Je veux dire que même si je le voulais je ne pourrais pas le prendre. D'une manière ou d'une autre, et bien que j'aie du mal à imaginer pour quelles raisons pratiques, cela doit m'être strictement impossible. Je suppose que vous avez deviné pourquoi ?

Georg. – Parce que telle n'est pas la volonté du Seigneur ?…

Kurt. – Laissez un moment le Seigneur de côté. Pourquoi suis-je absolument certain qu'un obstacle quelconque se mettrait en travers de ma route si je décidais d'aller retrouver « Herr Warum » à Brno ?

Georg. – Eh bien, j'avoue que...

Kurt. – Mais, voyons ! c'est tout simple : parce que je n'ai aucun souvenir de l'avoir fait ! J'ai beau fouiller dans ma mémoire, je ne me rappelle pas qu'un mystérieux monsieur à lunettes se soit approché de moi quand j'avais 11 ans pour me dire qu'il était la version future de moi-même.

Georg. – Je pense en effet que vous vous en souviendriez... Demeurez donc ici avec moi, à Halle, et cessez de vous tourmenter pour le principe de causalité.

Kurt. – Vous avez raison... (*Se rembrunissant* :) Mais d'autres lois physiques tout aussi fondamentales que le principe de causalité ne se trouvent-elles pas violées du fait de ma présence ici, dans cette pièce ?

Georg. – Lesquelles ?

Kurt. – Eh bien, pour ne citer qu'elle, la loi de conservation de l'énergie – ou, si vous aimez mieux, de la masse.

Georg. – Que voulez-vous dire ?

Kurt. – S'il est vrai qu'« Herr Warum » à Brno et l'homme mûr qui se tient en ce moment devant vous à Halle ne sont qu'un seul et même individu, appelé Kurt Gödel, cela n'implique-t-il pas que la quantité totale de matière et d'énergie que comportait l'univers une seconde avant que je fasse irruption dans votre chambre s'est soudainement et inexplicablement enrichie de quelques dizaines de kilogrammes supplémentaires ?

Georg. – Hum, c'est juste. Heureusement, vous ne me paraissez pas peser bien lourd... Je gage que vous réfléchissez trop et ne vous nourrissez pas assez.

Kurt. – Je me demande si mon Génie à moustaches avait conscience de toutes ces complications quand il m'a fait son offre... (... *Et sur ces mots, il disparaît.*)

*

Georg. – Kurt Gödel… Quel étrange personnage ! (*Répétant dans un murmure ce que son visiteur lui a dit au début de leur conversation :*) « … La chambre que le mathématicien Georg Cantor occupait à l'hospice de Halle, *à la fin de sa vie.* » Je n'en ai donc plus pour très longtemps. (*Il lève les yeux au plafond, se signe une nouvelle fois.*) Merci, Seigneur.

Présence du présent

Où Einstein, au soir de sa vie, médite sur le mystère de notre présence au monde, ici et maintenant.

« Présence du futur ».

Titre d'une célèbre collection de science-fiction.

21 mars 1955, dans la soirée. Einstein est à son bureau, devant la grande fenêtre qui s'ouvre sur le jardin de sa maison du 112, Mercer Street, à Princeton. Le soleil couchant dore les pelouses et allonge démesurément l'ombre des arbres. Tout semble figé dans cette chaude lumière, n'était l'automobile qui passe à l'horizon et dont la rumeur déjà s'évanouit.

Six jours après la mort de son ami Michele Besso, il songe à ce jour lointain de 1905 – voilà tout juste un demi-siècle ! – où il se promenait avec lui dans les rues ensoleillées de Berne. C'était par une belle journée de printemps, semblable à celle qui s'achève… Il venait de confier à son ami son désespoir de jamais trouver la solution au problème posé par les équations de Maxwell et leur totale contradiction avec le principe de relativité galiléen ; et ce fut à cet instant précis, tandis que Michele l'écoutait dire son désarroi, que l'*idée* se forma en lui, indistincte d'abord, puis de plus en plus claire... Le lendemain, le problème était résolu, et l'article fondateur de la première théorie de la relativité – celle que l'on qualifiera plus tard de restreinte –, entièrement écrit, du moins dans sa tête. Le vieil homme se revoit encore sauter au cou de son ami pour lui annoncer la naissance de sa nouvelle théorie de l'espace et du temps. Ah ! comme il aimerait pouvoir revivre ces jours bénis d'il y a cinquante ans !... Et tous ces concerts qui les réunissaient dans la joie de la musique !... Tant de souvenirs l'assaillent maintenant qu'il se trouve lui-même au seuil de la mort – car, il le sent bien, il ne tardera pas à rejoindre son vieil ami dans le néant.

Tirant une dernière bouffée de sa pipe à demi éteinte, il pose la pointe de son stylo sur la surface du papier et trace ces mots :

> « Voilà qu'il m'a de nouveau précédé de peu, en quittant ce monde étrange. »

Un monde étrange, oui... À contempler par la fenêtre ce reste de jour, ce jardin calme, ce ciel encore lumineux pour un court moment, il se sent saisi – ce n'est pas la première fois – d'un inexplicable mais puissant sentiment d'irréalité ; il lui semble que l'instant présent se dissout, et avec lui tout ce qu'il renferme. Si longue qu'elle fût, sa vie entière aura-t-elle été moins fugace, plus substantielle que cette minute baignée de soleil ? Que cette automobile qui est passée au loin et a disparu sans retour ?... Et ces arbres dont la lumière ne lui apporte que l'image passée, ne sont-ce pas plutôt des fantômes d'arbres, faisant avec leur fantôme de feuillage un fantôme de friselis ? Pourquoi croyons-nous aussi fermement en la réalité de l'instant présent quand tout ce que nous voyons autour de nous n'est jamais que l'écho, la rémanence d'un monde qui déjà n'est plus ?

Voilà que sa pipe s'est éteinte tout à fait. Il la rallume, songeur. « "... qui déjà n'est plus", en es-tu bien sûr ? », maugrée-t-il en inspirant une nouvelle bouffée de fumée. « Allons, vieux fou, le chagrin te ferait-il oublier ta propre théorie ? – Non, non, trois fois non ! Si c'est une illusion de croire en la réalité du présent, c'en est une autre, et bien plus trompeuse, de croire en l'irréalité du passé – ou du futur. Passé et futur ne sont ni plus ni moins irréels que le présent, pour la bonne raison qu'il n'y a pas plus de présent que de passé ou de futur. Il n'y a que des instants, des points d'espace-temps qui tous coexistent, et qui tous se valent. Je suis là, assis devant cette fenêtre de cette maison de Princeton, en ce soir de mars 1955 ; mais je suis *aussi* là, marchant joyeusement au côté de mon cher Michele par ces rues ensoleillées de Berne, en ce beau matin printanier de 1905... »

Une grande volute d'un gris bleuté s'exhale de sa bouche et de ses narines. Il se penche un peu sur la feuille et ajoute :

> « Cela ne signifie rien. Pour nous, physiciens dans l'âme, la séparation entre passé, présent et avenir ne garde que la valeur d'une illusion. »

Il est content de sa phrase. Vanité d'auteur. Mais en lui quelque chose d'obscur résiste, l'empêche d'adhérer pleinement à ce qu'il vient d'écrire et en lequel il croit pourtant de toute son âme. « Michele gît sous la terre, bon sang ! Il gît sous la terre et moi je suis là, à philosopher sur sa mort au soleil, à l'air libre... Pauvre Michele ! Cela te fait une belle jambe, maintenant, de m'entendre dire que la distinction entre passé, présent et futur n'est qu'une illusion ! »

L'espace d'un instant, il est tenté de biffer rageusement sa phase et de recommencer sa lettre. Mais il ne le fait pas, il *sait* qu'il a raison. Il sait que c'est une illusion qui nous fait voir le temps comme se découpant en passé, présent et futur, que son moi passé et son moi futur ne sont pas moins réels que son moi présent.

Il tire à coups répétés sur sa pipe. De petites bouffées serrées, compactes, déployant leur fugitive corolle à mi-chemin de sa tête et du plafond perdu dans les ombres.

« L'illusion vient de ce que tous ces moi successifs s'excluent mutuellement, songe-t-il. Aucun d'entre eux n'a accès à aucun autre, la mémoire ni l'imagination n'y changent rien. Non, absolument *rien*, pour la bonne raison que c'est toujours dans le présent qu'on se souvient de ce que fut hier, qu'on s'imagine ce que sera demain. Ce lien d'un moi à l'autre qu'on croit tissé par la mémoire ou l'imagination, ce lien n'en est pas un, il ne relie le moi présent qu'à lui-même. Voilà pourquoi je m'identifie tout entier et exclusivement à mon moi présent, pourquoi je crois que *ce* moi et *ce* présent sont tout. Tant que je ne m'abstrais pas du plan psychologique, j'ai la force de l'évidence contre moi, et il m'est impossible de me défaire de cette illusion. »

De nouveau les petits brins de tabac tassés dans le fourneau ont cessé de faire entendre leur léger grésillement, la pipe s'est rééteinte sans que son possesseur s'en aperçoive. En lui la méditation a laissé place à une rêverie sans objet, bercée par le flux et le reflux des souvenirs – « Et ce drôle de petit philosophe au crâne luisant comme une boule d'escalier… Comment s'appelait-il, déjà ?… Ah oui, *Bergson.* » Cette rêverie douce-amère, il finit par en sortir cependant et, reposant les yeux sur la lettre étalée devant lui, transforme en virgule le point qu'il avait mis après « illusion » avant d'ajouter :

« … si tenace soit-elle. »

Interlude
La langue d'Einstein, rêverie au 1/100 de seconde

« Le Seigneur Dieu est subtil, mais il n'est certainement pas malicieux. »

Confidence faite par Einstein en 1921
à un mathématicien de Princeton,
puis gravée au-dessus de la cheminée
du salon de la faculté de mathématiques
de cette même université.

« Je reviens sur ce que j'ai dit. Peut-être que Dieu est malicieux. »

Le même, quelque temps plus tard.

C'est, de loin, la plus célèbre photo d'Einstein.

Nous sommes à Princeton, en 1951. Très précisément le 14 mars 1951, jour de ses 72 ans – et quatre ans, un mois et quatre jours avant celui de sa mort. Einstein, pour une fois bien habillé (on aperçoit un costume-cravate sous son manteau sombre), est assis sur la banquette arrière d'une limousine, entre sa seconde épouse Elsa et le professeur Frank Aydelotte, qui a dirigé l'Institut des études avancées de Princeton durant la Seconde Guerre mondiale avant de céder la place en 1947 à Robert Oppenheimer. Il est las, très las. Tout au long de cette soirée d'hommage, une meute de journalistes l'a suivi à la trace et bombardé de flashs. Maintenant la nuit est tombée, et Einstein a hâte de rentrer chez lui. Un dernier paparazzi, Arthur Sasse, de l'agence de presse américaine UPI, se tient devant la portière encore ouverte. Il veut un ultime cliché et demande au grand physicien de poser face à l'objectif. C'est alors qu'Einstein – front sillonné de rides, chevelure ébouriffée, moustache broussailleuse – lui tire une langue étonnamment grande et pointue. Il lui tire dans le même temps sa révérence. La portière se referme. « *Good night, Pr Einstein !* »

Le 18, *France-Soir*, comme quelques milliers d'autres quotidiens de par le monde, reproduit la photo à sa une, sous ce titre prudemment factuel « Einstein tire la langue pour ses 72 ans ». Soixante-six ans plus tard, un riche collectionneur l'acquiert aux enchères pour la rondelette somme de 125 000 dollars. Entre-temps, la photo du reporter de l'UPI, recadrée sur la figure d'Einstein pour faire disparaître celles d'Elsa en bibi et de Frank Aydelotte goguenard, est devenue rien de moins que l'une des icônes de la pop culture : Einstein et sa langue tirée à la face du monde feront vendre autant de tee-shirts que le Che et son béret, un honneur dont le physicien, qui exigera avant de mourir que ses cendres soient dispersées en un lieu tenu secret car il ne voulait pas faire l'objet d'un culte des reliques, se serait sans doute bien passé. Il n'a pas été entendu. On ne dévoile pas les secrets de l'univers impunément. C'est bien lui, et non le Che, que le magazine *Time* élira comme « personne du siècle » dans son édition spéciale du 31 décembre 1999. Mais les rédacteurs en chef auront l'intelligence, pour leur couverture, de choisir un autre portrait, un peu moins convenu, du père de la relativité et de $E = mc^2$.

N'importe. On choisit rarement son destin. Surtout après sa mort. D'ailleurs, Einstein l'aimait bien, ce facétieux instantané de lui-même, pris au vol le soir de ses 72 ans. Il en commandera même, à titre personnel, neuf copies, et en 1953 offrira l'une d'elles à un chanceux journaliste de télévision américain, avec cette dédicace en allemand :

> « Ce geste que vous aimerez, parce qu'il est destiné à toute l'humanité. Un civil peut se permettre de faire ce qu'aucun diplomate n'oserait. Votre auditeur loyal et reconnaissant, A. Einstein[40]. »

Il en fera encore cet autre commentaire, plus explicite :

> « Cette pose révèle bien mon comportement. J'ai toujours eu de la difficulté à accepter l'autorité et, ici, tirer la langue à un photographe qui s'attend sûrement à une pose plus solennelle, cela signifie que l'on refuse de se prêter au jeu de la représentation, que l'on se refuse à livrer une image de soi conforme aux règles du genre[41]. »

« Difficulté à accepter l'autorité »... Voilà qui est intéressant ! À quel type d'« autorité » Einstein songeait-il en la circonstance ? Celle du sénateur Joseph McCarthy, qui le voyait d'un très mauvais œil, lui, le juif pacifiste ? Celle du FBI d'Edgar Hoover, dont les services s'étaient acharnés à constituer sur son compte un épais dossier (ne serait-il pas, aussi, un peu communiste sur les bords ?) ? Celle de cette Maison Blanche qu'il avait poussée, du temps de Roosevelt, dans la course à la fabrication de la bombe atomique, avant de faire marche arrière et de devenir, contre cette même Maison Blanche, l'un des champions du désarmement nucléaire ? Ou bien alors, seconde hypothèse, faisait-il référence à cette autre forme d'autorité qu'il n'avait cessée depuis 1905 de défier en tant que physicien ? Celle qu'incarnait le portrait du grand et sombre Newton suspendu au-dessus de la tribune de la Royal Society, depuis laquelle Eddington, le 6 novembre 1919, avait annoncé les résultats de l'éclipse de mai et fait applaudir la relativité générale ? Mais n'était-ce pas, dans l'un et l'autre cas, le même caractère rebelle qui se montrait à l'œuvre ?

Dans une lettre datée de 1945, il avait eu les mots suivants :

> « Un scientifique ne comprendra jamais pourquoi il devrait croire en des opinions pour la seule raison qu'elles sont contenues dans un livre particulier. [...] Il ne croira jamais que les résultats de ses propres recherches soient définitifs[42]. »

Et, une douzaine d'années plus tôt, invité à s'exprimer devant des étudiants de première année de Princeton, voici le conseil qu'il leur avait laissé dans leur bulletin :

> « Ne considérez jamais vos études comme un devoir, mais comme l'occasion inappréciable d'apprendre à connaître l'influence libératrice de la beauté dans le domaine de l'esprit, pour votre joie personnelle et pour le profit de la communauté[43]... »

« L'influence libératrice de la beauté » est une expression qui me va. Si j'avais été l'un de ces étudiants de première année de Princeton, je crois que je lui aurais tiré la langue – pour lui manifester mon approbation enthousiaste.

Mais j'en reviens à cette célèbre photo du célèbre physicien – la plus célèbre de toutes les photos qui aient jamais été prises du plus célèbre de tous les physiciens qui aient jamais passé sur cette Terre. Pour ma part, ce que je retiens d'elle, ce qui me donne à songer, c'est surtout ce qu'elle ne montre pas, mais qui se perçoit bien sur deux autres clichés pris au même moment par le même Arthur Sasse (et sur lesquels Einstein garde sa langue dans sa bouche) : son extrême lassitude. Une lassitude vraiment abyssale, que l'on retrouve d'ailleurs dans quantité d'autres photos de la même époque.

De quoi était-il si las ?

D'avoir si longtemps sondé les mystères de l'univers ? Des années qui s'étaient accumulées sur ses épaules, avec tout ce qu'elles comportent de triste et de cruel (en ce début des années 1950, Einstein faisait chaque soir la lecture d'œuvres de littérature classique ou moderne à sa chère petite sœur Maja, terrassée par un accident cardiovasculaire qui l'avait laissée handicapée ; elle n'allait d'ailleurs pas tarder à mourir, le 25 juin de cette même année 1951) ? Ou bien de sa célébrité même, de ces meutes de journalistes toujours pendus à ses basques ?

En 1931, à Los Angeles, Einstein et madame avaient été conviés par Charlie Chaplin à la première des *Lumières de la ville*. Acclamations du public à la vue du grand physicien se tenant au côté du grand Charlot. La foule qui ralentit leur marche est même si frénétique que des policiers menacent de recourir aux gaz lacrymogènes pour rétablir l'ordre (des gaz lacrymogènes à la première des *Lumières de la ville*, avouez que c'eût été dommage !). Déconcerté, Einstein se tourne vers Chaplin pour lui demander ce que tout cela signifie. Et Chaplin, dans sa malicieuse mais profonde sagesse, de lui répondre : « Ils m'acclament parce qu'ils me comprennent ; vous, ils vous acclament parce qu'ils ne vous comprennent pas. » Einstein dut se dire que Chaplin avait raison – mais il n'a pas osé tirer la langue ce soir-là, même s'il y avait de quoi.

*

Un dernier mot sur cette soirée du 14 mars 1951. Soirée d'anniversaire *, avons-nous dit. Mais pas seulement. Car ce soir-là, à cette occasion, avait aussi été organisée la remise du premier des « Albert Einstein Awards », une récompense que le *New York Times* qualifiera de « plus haute distinction de ce genre aux États-Unis » et que certains compareront, en importance, au prix Nobel. Et savez-vous qui était l'un des deux lauréats à s'être vu décerner des mains d'Einstein lui-même, quelques heures à peine avant qu'il ne monte dans cette limousine et ne tire la langue à ce photographe, la médaille en or à son effigie et le chèque de 15 000 dollars qui l'accompagnait ?

Allez, je vous le donne en mille…

Kurt Gödel.

---

* Le 14 mars est, depuis, célébré dans les universités américaines comme le « Pi Day », car dans la notation américaine 14 mars s'écrit « 3.14 ». Mathématiquement parlant, Einstein était né sous de bons auspices…

L'insaisissable étoffe du réel

La nuit et le jour (éloge du crépuscule)

Où une chose se révèle être elle-même et son contraire.

Depuis que l'homme s'est redressé sur ses jambes, il semble qu'il n'ait eu de cesse de chercher dans le monde infiniment varié et mobile qui l'entoure (comme d'ailleurs dans celui non moins ondoyant des abstractions) de solides antonymies selon lesquelles l'ordonner : la nuit et le jour, le féminin et le masculin, le froid et le chaud, le mal et le bien… Il n'est pas nécessaire de croire comme les taoïstes que l'harmonie universelle résulte de l'opposition du yin et du yang pour sentir combien les couples de contraires structurent notre expérience du monde, polarisent nos pensées.

Sans doute cette habitude immémoriale et si profondément ancrée en nous répond-elle à quelque impérieuse nécessité de l'Évolution ; sans doute a-t-elle toujours été et est-elle encore quelque chose comme une précieuse boussole pour ces pauvres *Homo sapiens* tout juste sortis des cavernes que nous sommes. Il se peut cependant qu'elle ait son revers et tende à appauvrir nos représentations mentales : que serait le monde sans l'indécise lumière des crépuscules, sans la trouble beauté des androgynes, sans la douceur précaire des matins d'avril ou des soirs de septembre ?

Mais je m'égare.

À ces antonymies de la vie de tous les jours, les physiciens ont ajouté les leurs.

Parmi elles, l'une des plus anciennes et des plus fondamentales est celle qui oppose le corpuscule – ou, en langage moderne, la particule – et l'onde. Jugez plutôt quelle parfaite symétrie règne entre ces deux notions : les particules sont localisées en une région (un point) de l'espace, les ondes ne le sont pas ; les particules suivent des trajectoires nettes et sans bavure le long desquelles leur position et leur vitesse sont à tout moment bien définies, les ondes n'ont pas de trajectoire mais se diffusent dans toutes les directions à la fois ; les ondes de même nature sont superposables deux à deux, les particules ne le sont pas, etc. Difficile de faire plus opposées que ces deux entités-là !

Une question qui agita longuement la physique et les physiciens fut de savoir de quel côté il convenait de ranger la lumière. D'âpres débats opposèrent Newton, persuadé qu'elle était de nature corpusculaire, et Huygens, qui la tenait au contraire pour une onde. Leur querelle ne fut vidée qu'au début du XIXe siècle, lorsque les expériences indépendantes d'Augustin Fresnel, de ce côté-ci de la Manche, et de cet incroyable polymathe de Thomas Young, de l'autre côté, vinrent prouver sans l'ombre d'une incertitude que la lumière est une onde. Restait à en découvrir la nature. Ce fut l'œuvre du grand James Clerk Maxwell qui, en unifiant les phénomènes de l'électricité et du magnétisme jusqu'ici tenus pour distincts, montra au milieu des années 1860 que la lumière est une onde électromagnétique, régie par les quatre célèbres équations qui ont immortalisé son nom.

En ces premières années du XXe siècle, il semblait donc acquis que les vastes domaines du réel se partageaient entre ces deux puissances, l'Onde et la Particule, selon une frontière indiscutée : d'un côté les ondes électromagnétiques, qu'il s'agisse des radiations visibles correspondant à ce que nous appelons familièrement la lumière ou des ondes radio découvertes à la fin des années 1880 par Heinrich Hertz ; de l'autre la matière, constituée de particules ponctuelles dont les progrès techniques, plus de deux millénaires après les premières spéculations des philosophes atomistes grecs, laissaient enfin entrevoir la possibilité de prouver expérimentalement l'existence (la première d'entre elles à avoir été découverte fut l'électron, que Joseph John Thomson mit en évidence en 1897 au fond d'un tube cathodique). Ondes contre particules, les deux camps se faisaient face avec ordre et discipline, comme aux beaux temps de la guerre en dentelle. Mais les lignes de soldats ne sont-elles pas faites pour être enfoncées ?

Si, et c'est ce qui arriva.

Le premier à sonner la charge fut un certain expert technique de troisième classe au Bureau des brevets de Berne que nous commençons à bien connaître : au printemps 1905, dans le même élan de génie créateur qui lui fit mettre sens dessus dessous nos concepts de temps et d'espace, Einstein découvrit que la lumière, comme Janus, possède deux visages.

Pour savoir comment il en est arrivé là, un petit retour en arrière s'impose. À la fin du XIXe siècle, un mystérieux phénomène connu sous le nom inquiétant et poétique de « catastrophe ultraviolette » tenait les physiciens en échec. Afin de se sortir de cette impasse, l'un d'entre eux, l'Allemand Max Planck, émit en 1900 – « dans un geste de désespoir », dira-t-il – l'hypothèse que les échanges d'énergie entre la lumière et la matière ne pouvaient se faire que par petits paquets, multiples d'une certaine constante, inconnue jusqu'ici, à laquelle il attribua la lettre *h* d'après l'allemand « *hilfe* ! » (« à l'aide ! »). À cette condition, la catastrophe ultraviolette n'avait plus rien de catastrophique.

Ainsi naquirent les « quanta » d'énergie, quanta étant le pluriel du mot latin *quantum* choisi pour traduire cette idée de petit paquet. Ils étaient promis à un bel avenir. Car, cinq ans seulement après la percée de Planck, Einstein les mit sur le devant de la scène dans son article du 18 mars 1905 (le premier des quatre articles de l'*annus mirabilis*). L'auteur y résolvait un autre persistant mystère de la physique de ce temps, celui dont s'entourait l'effet photoélectrique, pour lequel les observations ne s'accordaient pas avec les calculs *. Mais la solution qu'il en apportait imposait que ce fût la lumière elle-même, et non plus simplement ses échanges d'énergie avec la matière, qui devait être ainsi « quantifiée » : sans remettre en cause les équations de Maxwell qui la décrivent comme une onde électromagnétique, Einstein venait de démontrer que la lumière est aussi, paradoxalement, faite de gouttelettes d'énergie, ces gouttelettes ou quanta nous étant aujourd'hui connus sous le nom de photons.

C'était à n'y plus rien comprendre, et beaucoup parmi les physiciens de l'époque n'y comprenaient plus rien. Mais, si paradoxal que leur parût cet état de fait, ils durent finir par l'admettre, à mesure que se succédaient les expériences de laboratoire prouvant que la lumière tantôt se comportait comme une onde, tantôt comme un flux de particules. Plus troublant encore, cette très étrange versatilité semblait dépendre du type de mesure effectuée. Bref, c'était la pagaille !

Une vingtaine d'années s'écoulèrent, durant lesquelles cette incompréhensible dualité de la lumière, à la fois onde et particule, ou plutôt tantôt l'une, tantôt l'autre, infusa lentement dans les esprits.

C'est alors qu'un aristocrate de 32 ans, converti à la physique par son frère aîné, « refit le coup » d'Einstein à ses pairs et ajouta la confusion à la confusion.

*

La famille de Broglie (prononcer *de Breuil*) a donné à la « Patrie reconnaissante » un maréchal de France sous Louis XV, un président de l'Assemblée constituante sous la Révolution, un président du Conseil sous la monarchie de Juillet, un chef du gouvernement

* C'est d'ailleurs pour cette explication de l'effet photoélectrique, et non pour la théorie de la relativité (un peu trop géniale pour ne pas être suspecte), que les savants de Stockholm finiront, dans leur très pusillanime sagesse, par attribuer à Einstein, en 1922, le prix Nobel non décerné de 1921.

« de l'ordre moral » sous Mac-Mahon… Elle lui a aussi donné en la personne de Louis Victor – et ce n'est pas son moindre titre de gloire – un physicien de très haut vol qui eut l'extrême originalité d'obtenir le prix Nobel (en 1929) pour sa thèse de doctorat (soutenue en 1924 devant un jury comprenant notamment Paul Langevin – le père des jumeaux). Exploit jamais réédité qui a sans doute fait rêver plus d'un jeune thésard…

En quoi consistait cette thèse mirifique ? Voici ce qu'en dit Louis de Broglie lui-même dans son autobiographie parue en 1976 sous le titre de *Recherches d'un demi-siècle* :

> « L'idée fondamentale de ce travail était la suivante : "Le fait que, depuis l'introduction par Einstein des photons dans l'onde lumineuse, l'on savait que la lumière contient des particules qui sont des concentrations d'énergie incorporées dans l'onde, suggère que toute particule comme l'électron, doit être transportée par une onde dans laquelle elle est incorporée[44]." »

Comme l'auteur le précise quelques lignes plus bas, de nouvelles avancées expérimentales ne tardèrent pas à venir vérifier cette idée audacieuse, bientôt étendue à toutes les autres particules de matière : non seulement l'électron, mais également le proton et le neutron présents à l'intérieur du noyau atomique se révélaient avoir *aussi* une nature ondulatoire.

Ce n'est pas ici le lieu de décrire comment la thèse de Louis de Broglie fut communiquée par Langevin à Einstein qui, tout en la jugeant « folle », l'estima néanmoins assez solide pour en faire la publicité ; ni comment celle-ci attira à Zurich l'attention du Viennois Erwin Schrödinger qui en fit la base de sa mécanique ondulatoire, avant que l'Allemand Max Born amendât cette théorie pour donner naissance au concept d'« ondes de probabilité ». Cette merveilleuse histoire, qui est celle des heures héroïques de la mécanique quantique, a été racontée bien mieux que je ne saurais le faire dans quantité d'ouvrages de vulgarisation.

Retenons juste l'idée que, vingt ans après qu'Einstein eut établi la nature duale de la lumière, à la fois onde et particule, un jeune prince de France en faisait autant pour la matière.

Aristotle's blues

Depuis qu'Aristote l'a érigé en axiome, le principe de non-contradiction – celui qui veut que les propositions *p* et *non-p* ne peuvent être simultanément vraies, ce qui revient à dire que la conjonction « *p* et *non-p* » est fausse – est l'un de ces quelques piliers qui sous-tendent toute la logique ; mais l'avènement de la mécanique quantique l'a fait sérieusement trembler sur sa base et il présente aujourd'hui de graves fissures. Je ne sais si la logique s'enracine dans notre psyché et n'est que le reflet de la pensée humaine (comme le pensait Piaget) ou si c'est plutôt cette pensée qui n'est que le reflet d'une logique transcendante et existant indépendamment de toute conscience (comme le pensait Russell), mais je sais que la réalité physique du monde n'est pas soumise à ses lois : ce n'est qu'en apparence – ou peut-être devrais-je plutôt dire : à notre échelle – qu'une chose ne peut pas être à la fois cette chose et le contraire de cette chose, *inconcevablement.* (Le miracle est que ce soit cependant *cette* logique qui, en guidant l'intelligence humaine jusqu'à des théories comme la mécanique quantique, lui ait permis de découvrir des principes physiques étrangers aux siens… Je suppose qu'il y aurait beaucoup à dire là-dessus.)

La mécanique quantique a plongé le monde dans un crépuscule qui n'est pas près de prendre fin.

Et nous sommes quelques-uns à nous en réjouir.

Ombres

Où l'on revisite l'allégorie de la caverne.

Une image vaut mieux qu'un long discours, dit-on avec raison. Il en est une que l'on rencontre parfois dans les livres ou dans les articles de vulgarisation scientifique pour illustrer la dualité onde-particule, et qui me plaît infiniment. Elle représente un cylindre flottant dans l'air et projetant son ombre sur deux pans de mur perpendiculaires, comme ceci :

© Jean-Christophe Benoist/WikimediaCommons.

Il suffit que le cylindre pivote à 90 degrés sur lui-même pour que l'ombre projetée sur l'un des murs de rectangle devienne cercle, ou de cercle, rectangle. Pour d'hypothétiques êtres à deux dimensions dont l'univers se limiterait à la surface des murs, cette alternance de rectangles et de cercles constituerait une redoutable énigme ; ils seraient dans l'incapacité de se figurer quelque chose comme un cylindre, et auraient bien du mal à admettre que le rectangle et le cercle pussent dériver tous deux d'une troisième et même entité, d'un inconcevable « cercle-rectangle ».

Cette métaphore du cylindre, qui revisite astucieusement l'allégorie platonicienne de la caverne, nous invite à ne pas prendre pour argent comptant les deux sortes de fil dont est tissée la vaste trame du réel, ondes et particules ; elle nous suggère en son langage muet que ces deux entités antagonistes ne sont peut-être rien d'autre que les ombres portées d'une troisième impénétrable à notre intelligence, de quelque chose d'aussi inconcevable pour nos cerveaux humains que le cylindre ou tout autre solide à trois dimensions pour les habitants à deux dimensions des murs.

Mais peut-être se trouve-t-il quelque part dans l'univers des extraterrestres dont la cognition soit suffisamment différente de la nôtre pour leur permettre de concevoir ce qui nous est inconcevable, des extraterrestres qui s'amuseraient de nous voir nous débattre avec nos ondes et nos particules, incapables que nous sommes de concevoir l'existence de…

De quoi ?

Une titanesque partie d'échecs

Où un tournoi long de plusieurs dizaines d'années voit s'affronter deux grands maîtres sur la nature de la réalité.

Certaines parties d'échecs ont un enjeu bien plus important que les autres. Ainsi de celle opposant, sur un paquebot sillonnant l'Atlantique, Mirko Czentovic à l'étrange M. B. imaginée par Stefan Zweig dans sa célèbre nouvelle, *Le Joueur d'échecs* : à travers elle se jouait l'issue de la guerre totale alors en cours entre démocraties et dictatures, ou, selon une autre lecture, celle du bras de fer entre l'homme et la machine, ou encore, selon une troisième, celle de la lutte qui met aux prises depuis l'aube de l'humanité la folie douloureuse et la froide et implacable raison. À la même époque où cette partie capitale germait dans le cerveau de Zweig, une autre partie, non moins décisive, mais bien authentique celle-là, opposait depuis 1927 les deux titans de la physique moderne : Albert Einstein et Niels Bohr. Son enjeu ? La trame même de la réalité, la nature de l'étoffe dont est fait tout ce qui existe.

Ouverture : Solvay 1927

Pour comprendre les tenants et aboutissants de cette partie titanesque, il faut en revenir à cette mystérieuse constante *h* introduite par Planck en 1900 dans un « geste de désespoir ». Elle lui avait permis, on s'en souvient, de résoudre le problème de la catastrophe ultraviolette. Ce qui était déjà, en soi, un très beau résultat. Mais, surtout, Planck venait d'enrichir le « mobilier ontologique » de l'univers (l'expression est du physicien Étienne Klein) d'une nouvelle pièce de choix, cette constante *h* (dite aussi de Planck) tout aussi fondamentale que la vitesse de la lumière *c*. Elle allait d'ailleurs devenir, comme *c* pour la relativité, la clef de voûte de ce qui constitue depuis, avec cette même relativité, l'autre théorie maîtresse de la physique : la mécanique quantique.

En démontrant en 1905 l'existence de quanta lumineux – les immatériels et insaisissables photons –, Einstein avait introduit la constante *h* au cœur de la lumière et provoqué un premier coup de tonnerre dans le ciel toujours menaçant de la physique. À la veille de la Première Guerre mondiale, second coup de tonnerre : un Danois de 27 ans dont personne ou presque n'avait encore entendu parler, Niels Bohr, bouleverse notre vision de l'atome (celle qu'il avait héritée de son maître Ernest Rutherford) en introduisant cette fois la constante *h* au cœur de la matière : les électrons, découvre le jeune Bohr, ne peuvent pas orbiter à n'importe quelle distance du noyau atomique ; ils ne peuvent au contraire occuper que certaines orbites autorisées correspondant aux différents niveaux d'énergie possibles de l'atome et elles aussi multiples de *h*.

C'est sur cette double base – la quantification de la lumière par Einstein et celle de la matière par Bohr – qu'une poignée d'intrépides jeunes hommes, tous européens, tous géniaux, vont durant la seconde moitié des années 1920 édifier la mécanique quantique, ainsi appelée par opposition à la mécanique classique bâtie par Newton. L'Autrichien Erwin Schrödinger, son compatriote Wolfgang Pauli, l'Italien Enrico Fermi, l'Allemand Werner Heisenberg, l'Anglais Paul Dirac y apporteront chacun leur pierre en une série de résultats stupéfiants et mettant tous à rude épreuve le sens commun. Restait, pour en faire une véritable théorie physique, à unifier ces divers résultats sous une ombrelle épistémologique unique. Ce sera la tâche à laquelle s'attellera Niels Bohr tout au long des années 1920. Bien que le Danois en ait pour la première fois énoncé les grands principes directeurs en septembre 1927 lors d'un congrès à Côme, cette exégèse reçut le nom d'« interprétation de Copenhague », du nom de la ville où il avait fondé six ans plus tôt son Institut de physique théorique.

L'un des postulats fondamentaux de cette interprétation de Copenhague est qu'un électron ou toute autre particule ne possède pas de propriétés physiques bien déterminées tant que ces propriétés n'ont pas été observées ou mesurées : c'est l'acte même de mesurer la position ou la vitesse d'une particule, par exemple, qui lui confère *cette* position ou *cette* vitesse. Werner Heisenberg démontre d'ailleurs, en cette même année 1927, que plus la position d'une particule est mesurée avec précision, plus l'incertitude sera grande quant à sa vitesse (et *vice versa*), non à cause d'une quelconque limitation technique mais bien pour la raison que cette particule très précisément localisée dans l'espace voit, de ce fait même, sa vitesse se fondre dans un certain flou, d'autant plus grand que la position a été plus précisément localisée : une particule ne possède jamais *simultanément* une position et une vitesse bien déterminées. C'est le fameux « principe d'incertitude », qu'il vaudrait d'ailleurs mieux appeler « principe d'indétermination ».

Avant un acte de mesure, et contrairement à ce qui se passe à notre échelle macroscopique, ces propriétés et les autres n'existent que sous la forme de probabilités : celle d'être ici plutôt que là, par exemple. Ce qui signifie qu'une particule ne suit pas une trajectoire unique pour aller d'un point à un autre : cela supposerait qu'elle possède, à tout instant de son trajet, une position bien déterminée dans l'espace, ce qui n'est pas le cas. Mais alors, si elle ne suit pas une trajectoire unique, que fait-elle quand elle se déplace ?

Le premier à répondre à cette question sera le grand Richard Feynman. Jeune thésard à Princeton au début des années 1940, il développera mathématiquement l'idée que les particules, pour aller d'un point à un autre, passent simultanément par tous les chemins à la fois ! Ce petit mot, *tous*, est à prendre au pied de la lettre : si un émetteur situé à un angle d'une salle de laboratoire envoie un électron ou un photon vers un récepteur situé à l'angle opposé, n'allez pas croire que cet électron ou ce photon limitera ces diverses trajectoires simultanées à quelques minimes écarts par rapport à la diagonale ; son « intégrale de chemin » (la notion clef du formalisme développé dans les années 1940 par Feynman) englobera aussi un petit détour par le bistrot d'à côté, un autre plus long par le pôle Sud, et encore tous les autres détours auxquels vous pourriez songer, aussi loin que votre imagination vous portera. Et tout cela, en même temps ! Difficile à croire, n'est-ce pas ? Et cependant c'est ainsi : diverses expériences l'ont montré sans doute possible.

Mais ne nous laissons pas trop écarter de notre chemin à nous par cette affolante intégrale et revenons-en à cette année 1927 qui voit Bohr poser les fondements de l'interprétation de Copenhague. On peut sans trop la trahir la résumer en disant que le royaume de l'infiniment petit est peuplé d'entités fantomatiques, qui ne passent du « possible » au « certain », du « virtuel » à l'« actuel », que lorsqu'un dispositif expérimental est mis en place pour les observer. En mécanique quantique, l'acte de mesure n'est pas neutre ; il ne constitue pas le simple enregistrement d'une réalité préexistante.

Ce postulat était tout simplement inadmissible pour Einstein qui, s'il ne contestait pas la validité opératoire de la mécanique quantique, ne pouvait abandonner sa croyance en l'existence d'une réalité indépendante de l'observateur.

> « La Lune existe-t-elle seulement quand vous la regardez[45] ? »

… demanda-t-il un jour, avec une pointe de mauvaise foi, pour souligner l'apparente absurdité de cette vision du monde. C'est ce déni d'ordre métaphysique qui le conduisit à s'inscrire en faux contre l'orthodoxie bohrienne, quitte à endosser la robe de l'hérétique promis au bûcher ou, à tout le moins, à passer pour un vieux réactionnaire et à se couper des jeunes générations : de tous les géniaux architectes de la mécanique quantique, tous nourris au lait de la théorie de la relativité, seul Schrödinger, qui était comme Einstein un fervent défenseur du « réalisme », le rallia et le seconda dans sa croisade contre le pape de la mécanique quantique et ses cardinaux en chapeau melon.

Couvant depuis 1920, date de la première rencontre entre Bohr et Einstein à Berlin, l'orage éclata au grand jour en octobre 1927, soit juste après la réunion de Côme, lors du cinquième congrès Solvay qui réunit pour cinq jours à Bruxelles la crème des physiciens (dix-sept titulaires ou futurs lauréats du prix Nobel sur vingt-neuf participants). Lors de ce cinquième congrès tout comme lors du suivant, trois ans plus tard, Einstein, fidèle à la méthode qui lui avait si bien réussi pour la théorie de la relativité, multiplia les « expériences de pensée » pour tenter de prendre en défaut la mécanique quantique, et notamment le principe d'incertitude de Heisenberg. Mais Bohr trouva chaque fois la parade, une faille dans le raisonnement de son rival. Témoin passionné de cette vertigineuse suite de coups et de contrecoups, Paul Ehrenfest, qui nous a laissé une magnifique photographie des deux génies assis côte à côte et communiant dans une même impénétrable méditation, notera :

> « C'était pour moi un vrai délice d'assister aux conversations entre Bohr et Einstein. Comme une partie d'échecs. Einstein avait constamment de nouveaux exemples pour casser la RELATION D'INCERTITUDE. Bohr au milieu de nuages de fumée philosophiques cherchant constamment de nouveaux outils pour écraser un exemple après l'autre. Einstein comme un diablotin à ressort, bondissant frais et dispos tous les matins. Oh, ça n'avait pas de prix[46]. »

Le plus beau coup d'Einstein eut lieu lors du sixième congrès de 1930 avec son argument dit de la « boîte à lumière », une de ces expériences de pensée dont le père de la relativité avait le secret et qui mit sérieusement Bohr en difficulté. Le *mat* semblait imminent, mais, dès le lendemain, le Danois trouva une fois de plus le moyen de contrer la manœuvre de son adversaire en montrant que celui-ci était allé trop vite en besogne : ironie du sort, Einstein avait négligé de tenir compte dans sa démonstration des apports de sa propre théorie de la relativité ! Ceux-ci dûment réintégrés, l'offensive manquait son but. Au terme de la première phase de la titanesque partie, l'avantage était au maître de Copenhague.

Milieu de partie : intrigante intrication

Après son exil à Princeton en 1933, Einstein changea d'angle d'attaque. Renonçant à prouver l'incohérence de la mécanique quantique, il chercha à en démontrer l'incomplétude. Cette seconde phase de la controverse culmina en 1935, date de la publication par Einstein et deux de ses jeunes collaborateurs (Boris Podolsky et Nathan Rosen) d'un article passé à la postérité sous le nom d'article EPR, d'après les initiales de ses trois signataires. Texte d'une densité inégalée, ne comportant que quatre pages, presque pas d'équations et aucune bibliographie, ce qui ne l'empêchera pas de devenir lui-même l'article le plus cité de toute l'histoire de la physique ! De quoi s'agissait-il ? Sans entrer dans les détails, disons simplement qu'Einstein, Podolsky et Rosen y imaginaient un dispositif expérimental produisant un couple de particules qui, bien que séparées par une grande distance, restent inexorablement liées l'une à l'autre – un phénomène quantique autorisé par la théorie et aujourd'hui désigné sous le nom de « non-séparabilité », le mystérieux lien unissant ces deux particules ayant pour sa part reçu celui d'« intrication ». Or la mécanique quantique prédit que les mesures effectuées sur deux particules intriquées donneront des résultats soit identiques, soit symétriques (selon la propriété mesurée), de sorte qu'il est possible, en mesurant l'une, de connaître avec certitude la valeur de l'autre.

On voit où voulait en venir Einstein, pour qui ce phénomène ne pouvait s'expliquer que si l'on renonçait au dogme de Copenhague selon lequel une particule ne possède pas de propriétés physiques bien déterminées tant que ces propriétés n'ont pas été mesurées ; puisque l'on peut connaître avec certitude, en mesurant une des deux particules intriquées, la valeur que prendrait l'autre si on la mesurait aussi, argumentait-il, c'est que cette propriété préexiste nécessairement à l'acte de mesure, qui ne fait que révéler ce qui est déjà là. Autrement, continuait-il, il faudrait invoquer une « action à distance farfelue » de la première particule sur la seconde – farfelue parce que instantanée et donc incompatible avec cet autre dogme qu'est le mur de la vitesse de la lumière. Écartant cette seconde hypothèse, le père de la relativité en déduisait que les particules recelaient un certain nombre de « variables cachées » dont la mécanique quantique ne tenait pas compte, ce en quoi elle était incomplète.

Quand il prit connaissance de l'article EPR, Bohr fut stupéfait et, croyons-nous, plus secoué qu'il ne voulut bien l'admettre. Il s'en tira par une longue réponse quelque peu confuse. Mais la théorie des quanta était si solide, ses prédictions, si invariablement vérifiées, que ce coup de boutoir, si formidable fût-il, n'ébranla pas la confiance des jeunes physiciens dans la nouvelle mécanique de l'infiniment petit. Les années passèrent ; Einstein, dans son entêtement sublime mais vain à vouloir fondre relativité générale et mécanique quantique au sein d'une théorie unifiée, quête qu'il poursuivra jusqu'à son ultime souffle de vie, s'isola de plus en plus de la communauté scientifique. Apparemment insoluble (à la mort d'Einstein, tout juste vingt ans après EPR, le mystère de l'intrication restait entier), la controverse sur l'incomplétude supposée de la mécanique quantique tomba dans l'oubli.

Finale :
For whom the Bell tolls

Elle n'en ressurgit qu'en 1964, deux ans après que Bohr eut rejoint son rival dans la mort, lorsqu'un physicien irlandais aux allures de syndicaliste barbu, John Bell, fit sur un tableau noir une découverte théorique cruciale. Cette année-là, Bell démontra que les différentes théories à variables cachées possibles, telle celle qu'Einstein appelait de ses vœux, ont toutes en commun une certaine caractéristique mesurable en laboratoire : le degré de corrélation entre des particules intriquées doit nécessairement varier à l'intérieur d'une certaine plage de valeurs délimitée par une double borne ; si tel ne devait pas être le cas, en d'autres termes si ce qu'on appelle les « inégalités de Bell » devaient être violées, c'est qu'il n'y aurait pas de variables cachées. Grâce à cette percée théorique, la titanesque partie était bel et bien relancée, au moins sur le papier !

Einstein et Bohr n'étant plus de ce monde, charge à leurs héritiers et successeurs de vider leur querelle (d'achever leur partie) en réalisant effectivement l'expérience de pensée esquissée par Bell. Répétons-le : si cette expérience devait montrer que les inégalités de Bell sont respectées, cela voudrait dire qu'Einstein avait raison contre Bohr – qu'il n'existe pas d'« action à distance farfelue » d'une particule sur l'autre. Si au contraire ces inégalités étaient violées, c'est Bohr qui aurait raison contre Einstein, et la non-séparabilité (ou l'intrication), ce défi à la raison, cette irruption de la magie dans le champ de la physique, serait exhaussée au niveau de vérité scientifique fermement établie.

Peut-être la plus troublante des vérités scientifiques jamais mises en lumière par le génie humain…

*

C'est au possesseur d'une belle paire de moustaches à la gauloise, Alain Aspect, que revint le privilège de réaliser pour la première fois, avec toute la rigueur et la précision nécessaires, cette expérience historique. Elle eut lieu dans les premiers jours de l'année 1982 à l'Institut d'optique d'Orsay. Son résultat fut sans appel : les inégalités de Bell étaient violées.

Cinquante-cinq ans après qu'elle eut commencé, l'extraordinaire partie d'échecs quantiques s'achevait enfin sur la victoire éclatante, et définitive, de Bohr.

Ce qui signifie que deux particules intriquées, même séparées par des millions ou des milliards d'années-lumière, continuent de former un tout unique. Exactement comme si l'espace s'étendant entre elles n'existait pas, était purement et simplement nié ! Idée qui peut sembler absurde, mais qui n'en constitue pas moins la seule explication possible de l'intrication si l'on se souvient que rien, non seulement aucun objet matériel, mais aucune information, aucune influence d'aucune sorte, ne peut se propager dans l'espace plus vite que la lumière – rappelons à ce sujet le célèbre

Bohr et Einstein photographiés par Paul Ehrenfest chez lui à Leyde, Pays-Bas, en décembre 1925.
© WikimediaCommons.

axiome de Sherlock Holmes : une fois éliminé l'impossible, ce qui reste, si improbable que cela soit, doit être la vérité. Cette idée apparemment absurde, et qui cependant « doit être la vérité », les physiciens quantiques lui ont donné le nom de « non-localité ». La mécanique quantique est une théorie non locale. Et la violation des inégalités de Bell mise en lumière par l'expérience d'Aspect montre que ce n'est pas une vue de l'esprit !

L'intrication quantique expliquée grâce à mes filles

Où l'on se frotte encore un peu, pour le plaisir, au déroutant mystère des particules intriquées.

> « Si vous croyez comprendre la mécanique quantique, c'est que vous ne la comprenez pas. »
>
> Richard FEYNMAN.

Cher lecteur, permettez-moi d'insister sur l'étrangeté de cette histoire d'intrication quantique, car je ne vous sens pas encore assez incrédule. Vous connaissez peut-être ce mot du grand Groucho Marx : « C'est tellement simple qu'un enfant de 5 ans le comprendrait. Qu'on aille me chercher un enfant de 5 ans ! »

Eh bien, quant à moi, je vous amène non pas un mais deux enfants, mes propres filles Jeanne et Adèle (elles n'ont plus tout à fait 5 ans, vous le leur pardonnerez ?). Et je sors de ma poche deux cartes à jouer, l'as de pique et l'as de trèfle, ainsi que deux enveloppes. Je mets les cartes dans les enveloppes, les scelle, les mélange, et en donne l'une à Jeanne, l'autre à Adèle. Dans celle que Jeanne tient à la main, il y a une chance sur deux que se trouve l'as de pique, une sur deux, l'as de trèfle ; de même pour celle que tient Adèle. Jeanne ouvre son enveloppe et montre sa carte : l'as de trèfle. Je sais dès lors avec une absolue certitude que la carte se trouvant dans l'enveloppe restée fermée de sa sœur ne peut qu'être l'as de pique. Sitôt l'enveloppe de Jeanne ouverte, la probabilité pour que ce soit l'as de trèfle qui ait échu à Adèle s'est effondrée de 50 à 0 %.

Pourquoi cette histoire d'as de pique et d'as de trèfle ? Parce que l'intrication quantique, c'est à peu près cela, mais transposé dans le monde étrange de l'infiniment petit. « Quoi, si simple ! Je ne vois en effet rien là qu'un enfant de 5 ans ne puisse comprendre », me direz-vous. Il existe cependant une petite différence lorsqu'il s'agit non plus de deux cartes à jouer mais de deux particules élémentaires (électrons, photons...) intriquées, et qu'une observation ou une mesure faite sur l'une des deux particules tient lieu de l'acte d'ouvrir l'une des deux enveloppes.

Dans le monde qui nous est familier, à moi comme à vous, si nous disons qu'il y a une chance sur deux de trouver l'as de pique (ou de trèfle) dans l'une des deux enveloppes, cela tient uniquement à ce que nous ne savons pas lequel des deux as y a été mis : faute de voir à travers l'enveloppe, nous attribuons à chacune des deux solutions de l'alternative une même probabilité de 50 %, mais nous ne doutons pas un instant qu'un des deux as (à l'exclusion de l'autre) s'y trouve bel et bien.

Rien de tel avec une particule élémentaire que l'on s'apprête à observer afin de déterminer si elle se trouve dans l'état E ou dans l'état opposé E'. Comme avec les cartes à jouer, il existe une chance sur deux de la trouver en E et une sur deux de la trouver en E'. Mais le hasard qui est ici à l'œuvre n'est pas du tout le même que précédemment, il ne doit rien à notre ignorance de la réalité, il est la réalité même. Car, avant que l'acte de mesure nous ait renseignés sur ce point, la particule n'est ni en E ni en E' : ces deux solutions coexistent, ou plutôt elles n'existent toutes deux que virtuellement, jusqu'à ce que la mesure actualise (ou réalise) l'une et anéantisse l'autre. Comme si, pour reprendre notre analogie, c'était l'acte d'ouvrir l'enveloppe qui créait la carte qui s'y trouve !

Mais il se passe alors avec nos deux particules, qui ont été intriquées de telle sorte que si l'une est dans un état l'autre est dans l'état opposé, ce qui s'est passé tout à l'heure avec nos deux cartes à jouer : s'il résulte de la mesure faite sur la première qu'elle est dans l'état E, nous pouvons affirmer avec une absolue certitude que la seconde est dans l'état E'. Bien qu'elle n'ait elle-même fait l'objet d'aucune mesure, la seconde particule est elle aussi sortie de l'indétermination propre au monde quantique. Et ce, instantanément.

D'où le vertige que ne peut manquer de susciter, chez quiconque s'en est bien pénétré, l'intrication quantique. Puisque la violation des inégalités de Bell montre qu'il n'y a pas de variables cachées, c'est-à-dire que la seconde particule ne se trouvait pas en E' avant que la mesure faite sur la première ait donné E pour elle, et qu'une action à distance instantanée de la première particule sur la seconde est par ailleurs exclue, il ne nous reste pas d'autre choix que d'admettre l'inadmissible. À savoir que les deux particules intriquées, bien que nous apparaissant spatialement séparées, en réalité ne le sont pas : elles continuent de former un tout unique, indivis. Une conclusion si étrangère à notre sens commun que même Einstein, qui n'avait pourtant pas eu peur de bousculer ledit sens commun avec ses idées sur le temps, ne parvenait pas à s'y résoudre, tant il lui était difficile d'accepter ce qu'il ne pouvait comprendre.

Et vous, mes filles, avez-vous bien compris ? Avez-vous bien compris que vous n'avez pas compris ? Avez-vous bien compris à quel point la chose est incompréhensible ?...

Et tac, un chat quantique !

Où un malheureux spécimen de Felis silvestris catus *est sacrifié sur l'autel de la déraison quantique.*

Cher lecteur, faites-moi le plaisir d'arrêter un moment votre lecture pour songer, le temps d'une rêverie, à tout ce que vous avez déjà lu dans ces pages ; à tout ce sur quoi la physique théorique, depuis Einstein, nous a dessillé les yeux ; à tout ce qu'elle nous a appris au sujet de ce monde qui nous entoure.

Lui qui nous semblait si familier, comme, à la lumière de ces théories, il nous apparaît maintenant étrange !

Je récapitule avec vous.

Ce monde qui est le nôtre, et que nous croyions si bien connaître jusqu'à ce que nous ouvrions un ouvrage de physique, est un monde dans lequel la vitesse de la lumière constitue un horizon inatteignable, de sorte que, même si une fusée ultra-puissante était capable de se lancer à la poursuite d'un rayon de lumière à la vitesse de 299 999 km/s, ce rayon continuerait de la distancer à chaque seconde de 300 000 kilomètres supplémentaires...

Un monde dans lequel l'espace et le temps forment à eux deux une sorte de système de vases communicants, très précisément réglé par cette même vitesse de la lumière...

Un monde dans lequel deux jumeaux peuvent, à un moment de leur vie, cesser d'avoir le même âge, et l'un devenir aussi vieux que le grand-père de l'autre...

Un monde dans lequel le temps passe plus lentement au rez-de-chaussée d'un gratte-ciel qu'à son sommet...

C'est aussi un monde dans lequel les particules élémentaires, ces briques dont la solide réalité est fabriquée, n'existent qu'à l'état de nuages de probabilités tant qu'elles n'ont pas interagi avec un appareil de mesure...

... Ne suivent pas de trajectoires uniques et bien définies pour aller d'un point à un autre, mais passent par tous les chemins à la fois...

... Et réduisent à néant la distance qui les sépare (cette distance se chiffrât-elle en millions ou milliards d'années-lumière) si elles ont été préalablement intriquées.

N'est-il pas, ce monde qui est le nôtre, d'une radicale et même – pour reprendre une expression qui a fait florès – quelque peu inquiétante étrangeté ?

Mais vous n'êtes pas encore tout à fait au bout de vos surprises. Car voici qu'un chat vous attend. Et ce gracieux animal va vous plonger dans une perplexité plus grande encore que tout ce que vous avez lu jusqu'à présent.

*

Nous avons déjà eu l'occasion de dire que, de tous les jeunes turcs de la physique quantique, seul l'Autrichien Erwin Schrödinger se rangeait aux côtés d'Einstein dans le camp du « réalisme », refusant – contre l'orthodoxie bohrienne – d'abandonner l'idée que les éléments constitutifs de la réalité existent objectivement, que nous les observions ou non.

Cette position philosophique le conduisait à tenir dans la plus grande suspicion la plupart des articles de foi du dogme quantique tel qu'établi par l'impénétrable Bohr et ses très zélés apôtres disséminés aux quatre coins de l'Europe. À commencer par le plus fondamental d'entre eux, celui qui différencie essentiellement la physique quantique de son pendant classique : le principe de superposition d'états.

Nous l'avons déjà rencontré, mais sans encore le nommer. Que dit-il, ce mystérieux mais incontournable point de doctrine ? Que les différents états quantiques d'un système sont susceptibles de s'ajouter les uns aux autres : la somme de deux états possibles d'un système représente un troisième état possible du système. Ce qui est vertigineux. Considérons le plus simple des « systèmes » possibles : une unique particule élémentaire, par exemple un électron. Et réduisons l'état quantique de ce système à sa seule position. L'électron peut se trouver *ici* ; il peut aussi se trouver *là* ; en vertu du principe de superposition d'états, il peut encore, troisième possibilité, se trouver *ici et là*. À la fois !

L'ironie de l'histoire est que la base mathématique de cette superposition d'états est justement l'équation dont ce même Schrödinger – un mètre soixante-sept, costume tyrolien, des yeux gris-bleu derrière ses lunettes rondes et un cœur d'amadou prompt à s'enflammer pour le beau sexe – avait accouché au lendemain de la Noël 1925, alors qu'une escapade extraconjugale dans une station de ski des Grisons lui avait valu ce qu'il qualifiera, dans une lettre à son ami le mathématicien Hermann Weyl (qui était lui-même l'amant de sa femme Anny), d'« épisode érotique fulgurant et tardif ». Mais n'embrouillons pas davantage avec ces histoires de cœur superposées ce qui est déjà bien assez embrouillé comme cela sans elles, et ne retenons que le principal : l'équation de Schrödinger, qui décrit l'évolution de l'état quantique d'un système au cours du temps, autorise cette monstruosité de la nature à laquelle ce même Schrödinger ne parvenait pas à se résoudre, la superposition d'états.

De 1925 à 1935, date à laquelle Einstein formule le paradoxe EPR, Schrödinger et lui ne cesseront de correspondre, échange de lettres de haute volée où ils se conforteront l'un l'autre dans l'idée qu'ils sont les deux seuls esprits restés lucides dans un monde devenu fou. C'est à la faveur de cette correspondance qu'en 1935 (la même année qu'EPR, donc) naîtra dans l'esprit du jeune Autrichien nobélisé deux ans plus tôt l'expérience de pensée qui superposera pour la suite des temps à son patronyme le nom de « chat ».

Imaginons un atome radioactif dont la demi-vie serait de 24 heures, ce qui signifie qu'à l'issue de cette période il existe 50 % de chances que ledit atome se soit désintégré et 50 % de chances qu'il soit resté intact. Imaginons ensuite un dispositif grâce auquel, si l'atome s'est désintégré, il déclenche un capteur qui libère un marteau qui s'abat, en la brisant, sur une fiole remplie d'un gaz mortel (il faut un peu d'imagination pour avoir de telles idées mais ni Schrödinger ni Einstein n'en manquaient). Plaçons le tout dans une boîte. Et ajoutons-y un chat, avant de sceller la boîte. Puis, montre en main, laissons passer 24 heures…

Et tac, qu'obtenons-nous ? Un chat quantique.

Un chat quantique, cher lecteur ! Je suis sûr que, si vous possédez un chat vous-même, vous ne le regarderez plus du même œil…

Appliquons, en effet, le principe de superposition d'états au « système » physique dont il est ici question, celui formé par la boîte avec tout ce qu'elle contient, atome radioactif, marteau, fiole et pauvre chat. Que nous dit-il en ce cas ? Que nous dit l'équation de Schrödinger ? Qu'à l'issue des 24 heures, ce système est dans une superposition de deux états, l'un dans lequel l'atome s'est désintégré, l'autre dans lequel il ne s'est pas désintégré. Ce qui signifie que, aussi longtemps que la boîte ne sera pas ouverte, aussi longtemps qu'aucune observation ne viendra mettre fin à cette superposition d'états, le chat à l'intérieur de la boîte se trouvera lui-même dans la superposition d'états chat mort + chat vivant. Qu'il ne sera ni vivant ni mort. Ou, si vous préférez, les deux à la fois.

Je ne sais pas ce qu'il en est pour vous, mais quant à moi je trouve cette histoire de chat de Schrödinger bien plus effrayante que le plus sanguinolent des films de zombies…

*

Comme je ne veux pas vous maintenir trop longtemps, ni le malheureux chat, dans cet insupportable état de flottement, je vous propose d'ouvrir la boîte. Nous y trouvons le chat soit mort, soit vivant.

« Eh bien, quoi ? » grommelez-vous… Mais n'allez pas croire que cet acte d'ouvrir la boîte a résolu le mystère, dites-vous bien plutôt qu'il n'a fait que l'épaissir un peu plus… Car, je vous le répète, un instant encore avant que nous ouvrions cette fichue boîte, la superposition d'états perdurait – le chat était à la fois mort et vivant. Et c'est nous qui, en ouvrant la boîte, l'avons fait passer de cet incompréhensible état superposé à un état unique (mort ou vivant). C'est nous qui avons mis subitement fin à la superposition d'états, l'acte d'ouvrir la boîte tenant lieu d'observation ou de mesure faite sur le système, et cette observation ou mesure provoquant immédiatement ce que les physiciens fidèles à l'interprétation de Copenhague appellent la « réduction du paquet d'ondes ».

Comme j'aime les bêtes en général, et les chats en particulier, je nous place dans l'hypothèse où nous découvrons le chat indemne – il l'a échappé belle et nous fixe étrangement de ses beaux yeux mordorés, comme s'il nous en voulait de l'avoir obligé à séjourner 24 heures dans les limbes, mais vous le caressez, et il se met à ronronner. Le chat vivant est donc là qui ronronne sous vos caresses, mais qu'est devenu le chat mort ? Il ne se trouve pas dans la boîte. Où est-il passé ? Dans un univers parallèle ?…

Cher lecteur, je vous vois lever les sourcils à ces mots d'« univers parallèle ». Vous vous dites que j'ai un peu trop lu de science-fiction, un peu trop tété au biberon empoisonné de Philip K. Dick ?… C'est vrai, je ne le nie pas. Mais permettez-moi de vous dire, pour ma défense, que ce n'est pas moi qui ai le premier invoqué les univers parallèles à ce propos, ni d'ailleurs Philip K. Dick. C'est un physicien théoricien, Hugh Everett. Le plus dickien… non, mieux : le plus borgésien des physiciens théoriciens.

Objet de la thèse de doctorat qu'Everett a soutenue en 1957 à Princeton sous les applaudissements d'un autre grand nom de la physique théorique, John Wheeler, sa théorie stipule qu'à chaque alternative l'univers bifurque, donnant naissance à deux sous-univers, dans chacun desquels l'un des deux termes de l'alternative se réalise. Hypothèse extrêmement spéculative et pour le moins audacieuse, mais qui permettait à Everett de faire l'économie de cette mystérieuse « réduction du paquet d'ondes » invoquée par Bohr et ses disciples de l'école de Copenhague : plus besoin de « réduire » l'état superposé à un état unique qui se réaliserait au détriment de l'autre, puisque les deux états se réalisent… dans deux univers divergents.

Selon Everett et sa théorie, au moment où nous avons ouvert la boîte pour y découvrir un chat mort ou un chat vivant, deux univers se sont créés : l'un dans lequel le chat était mort, l'autre dans lequel il était vivant. Et, selon celui dans lequel nous nous trouvions, nous l'avons découvert soit mort, soit vivant. Mais ces deux univers parallèles sont bien réels, et poursuivent leur existence indépendamment l'un de l'autre. Chacun s'empressant bien sûr de se scinder lui-même en deux, puis en quatre, etc., et ce à un rythme effréné puisque tout « événement », fût-ce le plus microscopique, donne lieu à une nouvelle bifurcation. L'ensemble incommensurable de ces univers parallèles nés de bifurcations successives s'appelle le multivers. Le multivers d'Everett.

Si cette théorie vous paraît plutôt échevelée, rassurez-vous : vous n'êtes pas le premier. Il se peut d'ailleurs que vous l'ayez jugée tellement insensée que, dans un mouvement d'énervement, vous ayez laissé tomber ce livre pour vaquer à d'autres occupations. Mais, si tel est le cas, et si Everett a raison, au moment même où vous avez décidé d'arrêter votre lecture s'est créé un autre univers, dans lequel vous avez au contraire décidé de la poursuivre. Si vous lisez cette phrase, c'est que vous vous trouvez dans ce second univers, et non dans le premier.

À ce « vous »-là et non à l'autre qui ne m'écoute plus, je dirai ceci : que la théorie des multivers d'Everett est d'une grande élégance mathématique ; et, en un sens, beaucoup plus simple, beaucoup moins biscornue que l'interprétation de Copenhague avec sa bizarroïde « réduction du paquet d'ondes ». Il se trouve des physiciens qui la balaient d'un revers de la main, au motif qu'elle n'est pas testable : aucune expérience ne pourra jamais venir confirmer ou infirmer l'existence des univers parallèles, puisque toutes les expériences que l'on pourrait imaginer se dérouleraient nécessairement dans l'un et un seul d'entre eux. Mais, comme le dit le dicton, l'absence de preuves n'est pas la preuve de l'absence...

Et, puisque nous partageons la chance de vivre dans une même sous-famille d'univers parallèles dérivant par embranchements successifs de celui dans lequel Borges a existé et écrit, j'inviterai ce « vous »-là à lire ou à relire cette très chinoise nouvelle, *Le Jardin aux sentiers qui bifurquent*, pendant littéraire de la théorie d'Everett. Elle met en scène un certain Yu Tsun, arrière-petit-fils du vénérable Ts'ui Pên, « docte en astronomie, en astrologie et dans l'interprétation inlassable des livres canoniques, joueur d'échecs, fameux poète et calligraphe ». Lequel Ts'ui Pên a consacré treize ans de sa vie à écrire un livre qui soit un labyrinthe. De ce roman chaotique intitulé (par une de ces mises en abyme dont Borges avait le secret) *Le Jardin aux sentiers qui bifurquent*, le sinologue anglais Stephen Albert dit ceci, qui pourrait tout aussi bien s'appliquer à la vision que Hugh Everett se faisait de la réalité :

> « Dans toutes les fictions, chaque fois que diverses possibilités se présentent, l'homme en adopte une et élimine les autres ; dans la fiction du presque inextricable Ts'ui Pên, il les adopte toutes simultanément. Il crée ainsi divers avenirs, divers temps qui prolifèrent aussi et bifurquent. [...] Dans l'ouvrage de Ts'ui Pên, tous les dénouements se produisent : chacun est le point de départ d'autres bifurcations[47]. »

Dieu, s'il existe, a-t-il conçu sa création comme le vénérable Ts'ui Pên son livre-labyrinthe ?

Je serais curieux de savoir ce qu'en pense le chat de Schrödinger, maintenant que nous l'avons extrait de sa boîte infernale.

L'intuition de Shakespeare

Où Bohr rejoint Prospero.

Je doute fort, n'en déplaise à Cantor, que derrière William Shakespeare se cache Francis Bacon. Mais, maintenant que tant d'expériences ont montré que des notions aussi étranges que l'intrication, la non-localité ou la superposition d'états correspondaient bien, dans le mystérieux royaume de l'infiniment petit, à des réalités, je vois se profiler derrière la silhouette de Bohr celle de Prospero, le mage de *La Tempête*.

Car enfin, que nous disent Bohr et ses disciples de l'école de Copenhague ? Que les fils dont le réel est tissé sont bien peu substantiels ; que sa trame est de nature essentiellement probabiliste ; son étoffe, une étoffe fantôme.

Et que nous disait déjà Prospero sur son île enchantée ? – « *We are such stuff as dreams are made on* », nous sommes de la même étoffe que les songes…

Interlude
Le violon d'Einstein, rêverie harmonique

> « Violon d'Ingres : fait, pour un artiste, de pratiquer un art qui n'est pas le sien (le peintre Ingres aurait excellé au violon) ; par ext., activité artistique exercée en dehors d'une profession. »
>
> « Violon », *in Le Grand Robert*.

Le violon d'Ingres d'Einstein était, comme celui d'Ingres, le violon. Loisir devenu si légendaire qu'il ne fait aucun doute que, si Einstein était né avant Ingres, nous eussions parlé, plutôt que de « violon d'Ingres », de « violon d'Einstein », par exemple pour dire que le violon d'Einstein d'Ingres était, comme celui d'Einstein, le violon. Lequel violon se trouve avoir été aussi le violon d'Ingres du mathématicien Georg Cantor, qui hérita l'amour exclusif de cet instrument de ses ascendants maternels (la chronique familiale veut que son grand-père Franz Böhm, établi à Saint-Pétersbourg où Georg naquit en 1845, ait été un violoniste virtuose à la cour du tsar de toutes les Russies). Mais encore, comme chacun sait, celui de Sherlock Holmes, qui était l'heureux possesseur d'un stradivarius acquis chez un brocanteur juif de Tottenham Court et qui ne dédaignait pas, pour délasser son esprit après une enquête difficile – ou au contraire pour mieux réfléchir à celle qui l'attendait – de sortir son archet. (Il paraît qu'il arrivait aussi au grand détective londonien de prendre de la cocaïne, vice auquel, à ma connaissance, ni Cantor ni Einstein n'ont jamais cédé.)

Cantor, Holmes, Einstein : pareille conjonction ne saurait être fortuite. Elle doit répondre à quelque nécessité sous-jacente, posséder une signification cachée. Mais laquelle ? Voilà qui n'est pas aisé à démêler. Einstein, comme à son habitude, nous a cependant fourni une petite partie de la réponse dans la lettre qu'il adressa le 23 octobre 1928 au Dr Paul Plaut. Ce psychiatre berlinois, préparant un futur livre, avait entrepris d'interroger quelque quatre cents éminents savants et artistes de langue allemande sur leurs rapports avec la créativité ou la science, selon les cas. Invité pour sa part à réfléchir à l'influence que la musique pouvait avoir eue ou avoir encore sur sa production de physicien théoricien, Einstein, avec ce souci de la nuance et du mot juste qui lui était coutumier, écrivit :

> « La musique n'exerce pas d'*influence* sur le travail de recherche, mais tous deux sont nourris par la même sorte d'aspiration, et ils se complètent l'un l'autre par la libération qu'ils offrent[48]. »

Le violon d'Einstein n'était pas un stradivarius comme celui de Holmes ; et il n'en jouait sans doute pas aussi bien que le grand-père maternel de Cantor ; mais c'était l'instrument qu'il s'était choisi pour compléter cet autre prolongement de lui-même, ce bout de craie dont il usait pour tracer sur le tableau noir ses équations cabalistiques. Et, avec l'un comme avec l'autre, il ne cessa tout au long de sa vie de rechercher la même perfection, la même beauté.

*

En français, langue qui n'était pas davantage celle de Holmes que d'Einstein ou de Cantor, nous parlons de l'*âme* du violon pour désigner la petite pièce de bois (généralement d'épicéa) maintenant le juste écartement entre le fond et la table ; c'est cette âme qui transmet les vibrations à la caisse de résonance, laquelle les amplifie pour les rendre sensibles à l'oreille : ainsi s'opère la mystérieuse transformation qui, du frottement d'une mèche de crins sur quatre cordes de boyau, aboutit à telle polonaise de Schubert, telle *partita* de Bach, telle berceuse de Fauré – bref, à ce que nous appelons familièrement, mais sans bien savoir ce que nous entendons par là, de la musique. Mais les anglophones et les germanophones se montrent en la circonstance plus prosaïques que nous autres, préférant désigner cette âme par des termes aussi désespérément techniques que *sound post* ou *stimmstock* plutôt que de lui donner les beaux noms de *soul* et de *seele*. Tant pis pour eux.

Outre l'âme, le violon possède encore comme parties essentielles ses quatre cordes accordées de quinte en quinte et ses deux ouïes. Par leur forme sinueuse et leur symétrie, les ouïes, en plus d'être indispensables à la fonction musicale du violon, sont visuellement très belles, comme l'a bien vu Man Ray qui les a sublimées en les transposant sur le dos de la turbulente et exquise Kiki de Montparnasse, coiffée du même turban que la *Grande Baigneuse* d'Ingres à laquelle renvoie la photographie : par ces ouïes dessinées au pochoir, mais aussi par ce double évasement des épaules et des hanches, ce galbe tout de grâce qui est celui de la table même, le dos immortel de Kiki, la femme-violon, ne nous suggère-t-il pas que, si l'amour peut tirer d'une femme des soupirs aussi pénétrants que les plaintes d'un violon, un violon geint comme une femme amoureuse sous les doigts de son violoniste ? Quant aux cordes, au nombre de quatre comme les quatre nobles vérités du bouddhisme et les quatre équations de Maxwell, j'en dirai seulement qu'elles ont, pour les maîtres de cet art, chacune sa personnalité :

> « La corde de *sol*, la plus grave, suscite une sonorité riche, profonde, et inspire un sentiment de noblesse. La corde de *ré* se distingue par son caractère plus passionné, plus vif. La corde de *la* s'ouvre

et s'épanouit dans l'espace. La plus brillante et la plus extravertie des quatre est la corde de *mi*[49]. »

... nous explique ainsi le grand Yehudi Menuhin – celui-là même qui, le 12 avril 1930 (il n'avait pas encore 14 ans), après s'être produit avec l'Orchestre philharmonique de Berlin conduit par Bruno Walter, reçut dans sa loge la visite inopinée d'Einstein, lequel le serra dans ses bras et s'exclama : « Maintenant je sais qu'il y a un Dieu au paradis ! »

Cet enthousiasme du savant nobélisé pour le tout jeune violon solo qui venait d'interpréter devant lui Bach, Beethoven et Brahms n'a pas seulement valeur d'anecdote. Elle éclaire un caractère essentiel de la personnalité du physicien, qui était sa propension à lier la musique à l'idée de Dieu. Comme si la haute mission de la musique était, sinon de nous révéler la pensée du Créateur, du moins de nous éveiller à sa nécessaire mais mystérieuse existence, de nous faire sentir, par le miracle de l'harmonie, sa présence immanente au monde. Ce lien étroit entre l'émotion musicale et le sentiment religieux qui se noua dans son esprit encore immature dès qu'il commença de prendre des leçons de violon à l'âge de 6 ans ne se défit jamais, et ne cessa au contraire de se renforcer jusqu'à sa mort. Encore faut-il bien comprendre que ces deux pôles, le musical et le religieux, formaient dans cet esprit exceptionnellement fécond les deux pointes d'un triangle dont la troisième était la physique – ce corpus d'équations, c'est-à-dire de lois, patiemment exhumé et déchiffré par les générations successives de physiciens depuis Galilée et Newton. Ce n'est nullement un hasard si, revenant dans ses *Notes autobiographiques* sur le choc ressenti en 1913 à la découverte de la théorie atomique de Bohr, Einstein exprime son émerveillement en ces termes :

« C'est la plus belle manifestation de *musicalité* qu'on puisse imaginer dans les sphères de la pensée[50]. »

Cette citation n'est pas isolée. Je pourrais lui en ajouter d'autres, celles notamment où Einstein évoque sa gratitude envers le Créateur pour avoir fait régner dans le cosmos une telle « harmonie » (c'est le mot qui revient toujours). Le modèle atomique de Bohr, mais aussi les quatre équations de Maxwell, les transformations de Lorentz ou ses propres équations de champ : pour Einstein, autant de miroitements d'un même lumineux mystère dont les sonates de Mozart ou les quatuors à cordes de Beethoven constituent eux aussi de fugaces reflets.

La silencieuse musique des équations

Lingua matematica (1)

« Où l'on s'interroge sur la "déraisonnable efficacité des mathématiques". »

« *L'universo è scritto in lingua matematica* »,
GALILÉE, *Il Saggiatore*.

Pourquoi la musique produite par les cordes d'un violon obéit-elle à l'équation d'onde de d'Alembert ?

Pourquoi le sillage qu'un bateau trace dans l'océan obéit-il à celle de Navier et Stokes ?

Pourquoi une pierre (ou tout autre objet matériel) renferme-t-elle une énergie précisément égale à sa masse multipliée par le carré de la vitesse de la lumière ? Les pierres connaissaient-elles l'existence d'$E = mc^2$ avant Einstein ?

Comment la pomme qui tombe de l'arbre sait-elle qu'elle doit suivre la géodésique que lui impose la théorie de la relativité générale ? La pomme calcule-t-elle sa glissade le long du toboggan spatio-temporel jusqu'au pied du pommier conformément à l'équation de champ d'Einstein ?

Il est vrai que la loi de la gravitation de Newton fournit à la pomme, en première approximation, une bonne indication du chemin à prendre (tout en bas jusqu'au pied de l'arbre !), et qu'elle est plus simple :

$$F = G\frac{m_1 m_2}{r^2}$$

Mais tout de même... Et d'ailleurs, comment la pomme sait-elle que la constante gravitationnelle G vaut $6{,}6742.10^{-11}$ newton mètre carré par kilogramme carré ?

Et la planète Mercure, dont l'orbite autour du Soleil ne correspond pas à la loi de la gravitation de Newton, en ce cas prise en défaut, mais à l'équation de champ d'Einstein : comment fait-elle pour savoir, cette brave petite Mercure, qu'elle doit obéir à Einstein et non à Newton ?

Pourquoi tous ces corps, pommes ou planètes, suivent-ils dans l'espace des trajectoires rigoureusement contraintes par les mathématiques – qu'il s'agisse de celles de Newton ou de celles d'Einstein –, des trajectoires calculables à l'avance avec toute la précision voulue, d'une désespérante prévisibilité ?

Pourquoi la gravitation et tant d'autres phénomènes physiques tout aussi fondamentaux se soumettent-ils à des lois immuables, que l'on peut découvrir et graver dans le marbre, et pourquoi ces lois prennent-elles toutes la forme d'une suite de symboles se répartissant de part et d'autre d'un signe égal ?

Pourquoi tout, absolument TOUT ce qui relève de la physique – c'est-à-dire LA TOTALITÉ DE CE QUI EXISTE à l'exclusion de ces deux phénomènes émergents (et locaux, à l'échelle de l'univers) que sont la vie et la conscience – se résout-il en équations ?

D'où vient, oui, d'où vient que ces formules mathématiques, ces équations, sont en si parfaite *adéquation* avec le réel ?

*

Cette question du *Pourquoi*, la plupart des physiciens répugnent à se la poser, au moins pendant leur période d'activité : elle les entraînerait vers ces traîtresses eaux de la métaphysique où l'on ne s'aventure jamais qu'à ses risques et périls (le grand Schopenhauer lui-même ne disait-il pas qu'en métaphysique rien n'est sûr, sauf la migraine qui en est le prix ?). Ceux-là font comme ces marins précautionneux qui se bouchaient les oreilles avec de la cire pour ne pas courir le risque de se laisser détourner par le chant des sirènes – *Pourquoi ?... Pourquoi ?...* Il s'en est trouvé cependant quelques-uns pour oser l'affronter avec courage, cet appel lancinant.

Eugene Wigner, par exemple. En 1960, ce physicien et mathématicien né citoyen de l'empire austro-hongrois mais issu d'une lignée de juifs allemands (et partageant peut-être, à ce titre, le « penchant allemand pour la métaphysique » qui exaspérait tant Bertrand Russell chez Einstein, Gödel et Pauli) publia un article de philosophie des sciences dans lequel il faisait part de ses réflexions à ce sujet ; il intitula son texte « La déraisonnable efficacité des mathématiques dans les sciences naturelles » – expression maintes et maintes fois citée depuis lors.

Quant à Einstein lui-même, la grande et redoutable énigme du *Pourquoi* le hanta jusqu'à son dernier souffle. On relève dans ses écrits nombre de traces de ce profond trouble qui le saisissait à la pensée que l'univers, à toutes ses échelles depuis celles tendant vers l'infiniment grand (sa macrostructure dynamique, objet de la théorie de la relativité générale) jusqu'à l'infiniment petit (les mailles les plus infimes de sa trame, objet de la mécanique quantique), semblât se laisser entièrement appréhender par les mathématiques :

> « L'éternel mystère du monde est son intelligibilité[51] »

... déclara-t-il un jour – formule admirable, tout aussi célèbre que celle de Wigner et qui signifie : pourquoi l'univers semble-t-il n'opposer d'autre résistance aux mathématiques qu'une impénétrable transparence ?

Un univers de cristal

C'est *l'intelligibilité même* de l'univers qui le fait si mystérieux, *sa transparence même* qui nous le rend impénétrable…

… comme nous paraît impénétrable et mystérieuse cette fenêtre derrière laquelle brûle une lampe, ce rectangle de lumière jaune-orangé brillant dans la nuit :

> « Il n'est pas d'objet plus profond, plus mystérieux, plus fécond, plus ténébreux, plus éblouissant qu'une fenêtre éclairée d'une chandelle[52]. »

Le frisson que ressentait Baudelaire à la vue de cette trouée de vie, de cette échappée sur l'intimité secrète d'un foyer, d'une alcôve, est de la même nature que celui qui saisissait Einstein à la pensée de la mystérieuse intelligibilité, de l'impénétrable transparence de l'univers… Une fenêtre éclairée d'une chandelle, n'est-ce pas ce devant quoi se tient et se tiendra toujours celui qui observe l'univers à travers le prisme des mathématiques ?

Lingua matematica (2)

Où l'on traite les équations en linguiste.

Singeons Saussure : le propre des équations (surtout des équations les plus fondamentales) est de condenser dans un *signifiant* minuscule – une poignée de lettres latines ou grecques – un *signifié* immense, possiblement illimité. Rien ne serait plus décourageant que de vouloir exposer, expliciter, tout ce que signifie et implique une équation aussi ramassée sur elle-même que $E = mc^2$ ou encore, pour prendre un autre exemple, $S = k\mathit{log}W$, la formule de l'entropie que le physicien autrichien Ludwig Boltzmann a découverte dans les années 1870 avant de se pendre en 1906 à Duino, près de Trieste, et que l'on fit graver sur sa tombe.

La densité d'information contenue dans de telles formules est si grande que le plus épais volume ne suffirait pas à en faire le tour, à en épuiser la matière.

*

Un nombre incalculable de ramifications convergentes aboutit à une unique équation, d'où part en retour un nombre non moins incalculable de ramifications divergentes.

Les équations sont les nœuds de cette maille dont est tissée la structure mathématique du réel.

Lingua matematica (3)

Où l'on observe l'étrange M. Dirac interrogeant la Pythie.

Le physicien que son raisonnement (ou son intuition ?) mathématique conduit à formuler une nouvelle équation, encore inconnue de lui quelques instants plus tôt et cependant en un certain sens *déjà là,* me fait irrésistiblement songer à ces Grecs des temps archaïques qui allaient consulter la Pythie de Delphes ou quelque autre oracle. Parfois il arrivait (du moins l'imaginé-je ainsi) que la prophétesse répondît à leur question par une autre question ; et d'autres fois que sa réponse prît bien la forme d'une affirmation, mais si étrange, si déroutante, que cette sentence énigmatique suscitait chez qui la recueillait plus de perplexité que de certitude…

Leurs équations réservent quelquefois des surprises de ce genre aux physiciens. « Ma démonstration est inattaquable, la conclusion s'impose… mais ce résultat sibyllin auquel la nécessité mathématique m'accule, du diable si je sais ce qu'il peut bien vouloir dire » : quelques-uns parmi les plus grands ont été confrontés à cette situation. Ainsi de ce génie fascinant, complètement coupé du monde, mutique à l'extrême, Paul Dirac, dont voici l'histoire :

La mécanique quantique a été élaborée dans les années 1920 à l'aide d'outils mathématiques forgés peu de temps auparavant et tous parfaitement hors de portée de l'entendement moyen, tels que les « espaces de Hilbert », les « opérateurs hermitiens », les « spineurs », etc. À la fin de cette même décennie, cherchant à transformer l'équation de Schrödinger – pierre angulaire de la nouvelle théorie – afin de la rendre compatible avec la théorie de la relativité restreinte, Dirac aboutit, au soir de Noël 1928, à une nouvelle équation, à la fois quantique et relativiste, décrivant le comportement de l'électron. Pour un homme tel que lui, il ne pouvait exister plus joli cadeau de Noël qu'une équation comme celle-ci, née sous sa plume *…

Mais bien vite il se rend compte que quelque chose cloche. L'équation qu'il a sous les yeux semble lui suggérer la possibilité d'énergies négatives, une monstruosité physique qui fait peser une lourde hypothèque sur la validité de tout son travail. D'autres que Dirac auraient peut-être abandonné là et rayé l'énigmatique formule avant de passer à autre chose ; lui s'obstine et continue d'interroger inlassablement du regard, dans le silence de son bureau de St John's College, les espaces de Hilbert, les opérateurs hermitiens et autres spineurs figurant dans son équation. Jusqu'à ce jour de mai 1931 où ses yeux se dessillent tout à coup : ce qui se cache derrière ces mystérieuses énergies négatives, dans les tréfonds de cette équation qu'il a lui-même établie sans en comprendre alors la vraie signification, c'est une sorte de particule miroir de l'électron, dotée de la même masse que lui mais d'une charge électrique opposée.

L'antimatière était née – mais sur le papier seulement, et beaucoup des confrères de Dirac, à ce stade, doutèrent de la réalité de cette hypothétique *terra incognita* subitement surgie du néant. Or voici qu'un an plus tard un autre physicien qui n'avait jamais entendu parler de l'équation de Dirac mais qui s'intéressait aux rayons cosmiques, Carl Anderson, emporte un détecteur au sommet d'une montagne de Pasadena et y enregistre la trace d'une particule d'une espèce inconnue, identique à l'électron à la charge

* Équation de Schrödinger : Noël 1925, équation de Dirac : Noël 1928… Qui a dit que le père du même nom n'existait pas ?

électrique près, apportant ainsi la première preuve expérimentale de l'existence de l'antiélectron, ou positron, prédit par Dirac – lequel se verra décerner le prix Nobel de physique en 1933, en même temps qu'Erwin Schrödinger.

Ce que dit la bouche d'ombre

« Dieu, par qui la forme sort du nombre… »

Victor HUGO.

Je t'imagine, Dirac. Te voici tout près de venir à bout de ta démonstration. L'équation si fiévreusement cherchée va enfin t'apparaître, se matérialiser au bout de ta plume ou de ton morceau de craie…

Ta démonstration, tel un guide obligeant, t'a conduit à travers les couloirs d'un temple labyrinthique jusqu'à la chambre reculée où, dans l'obscurité et le silence, se tient recluse la sibylle ; et tu es là, juste devant elle, retenant ton souffle, avide de savoir…

Et voilà que la bouche d'ombre des mathématiques enfin s'entrouvre, que l'oracle que tu es venu recueillir se fait enfin entendre…

Mais que signifient ces mots apparemment vides de sens ? Qu'a voulu dire la bouche d'ombre ?

À toi de le découvrir, Dirac. Car la bouche d'ombre s'est tue et tu sais bien qu'elle ne se rouvrira plus de sitôt.

Métamusique

Où il est question de Mozart, de Beethoven, de Bach et d'équations.

Dans l'excellente biographie qu'il a consacrée à celui dont il avait été un collaborateur à Princeton, *Albert Einstein, créateur et rebelle*, le physicien Banesh Hoffmann revient à de multiples reprises sur l'amour d'Einstein pour la musique et la place que le violon occupa dans sa vie. En l'une de ces occasions, il aborde la question des préférences musicales du grand savant :

> « Ses préoccupations musicales étaient les mêmes qu'en matière scientifique : il cherchait avant tout une beauté simple et naturelle. Mozart était son idéal. Et, si l'on émettait l'avis que Beethoven était un plus grand compositeur, il ne l'admettait en aucun cas. Il disait que Beethoven avait créé sa musique, mais que celle de Mozart est si pure qu'elle semble avoir toujours été présente dans l'univers, attendant que le maître la découvrît[53]. »

Ce passage est, me semble-t-il, à lire à la lumière de la dichotomie de l'apollinien et du dionysiaque introduite par Nietzsche dans le monde de l'art * : sans doute Einstein était-il trop pénétré de

* Même si Nietzsche, dans *La Naissance de la tragédie*, fait dépendre toute la musique de Dionysos, par opposition à l'art plastique purement apollinien.

rationalité, trop ennemi de l'illusion, trop épris de vérité pour choisir en musique un autre camp que celui de l'ordre, de la mesure, de la clarté, c'est-à-dire celui d'Apollon, c'est-à-dire encore celui du lumineux Mozart et non de l'orageux Beethoven. Quoi qu'il en soit, je trouve que cette opposition entre une musique *créée* (par Beethoven) et une autre *découverte* (par Mozart) est une de ces idées rares, inattendues et infiniment précieuses sur lesquelles il y aurait beaucoup à dire et qu'il faudrait toujours conserver dans un coin de sa tête : et si la musique de Mozart s'approchait peu ou prou de ce que les Anciens appelaient la musique des sphères ?

Mozart ou Beethoven ?

Il émane des équations fondamentales de la physique une sorte de musique silencieuse, qui ne se laisse entendre que si on les interroge longuement du regard… C'est elle, cette musique du silence, qui a suggéré à Dirac, inlassablement penché sur l'équation écrite pour la première fois le soir de Noël 1928, l'existence de l'antimatière. Tout comme, quelques années plus tôt, c'était déjà elle, cette musique ténue, si subtile, si obstinée, qu'avait perçue le jeune Einstein approchant son oreille des équations de Maxwell, et qui l'avait mis sur la voie de la relativité du temps.

Mais les physiciens n'inventent pas les équations de la physique ; ils ne les *créent* pas : ils les *découvrent.* Et l'on pourrait dire de la secrète mélodie que ces équations, une fois couchées sur le papier, leur donnent silencieusement à entendre ce qu'Einstein disait de la musique de Mozart : que, dans sa pureté, « elle semble avoir toujours été présente dans l'univers », attendant que quelqu'un la découvre.

Et Bach ?

Entre les sonates de Mozart et les quatuors à cordes de Beethoven, Einstein avait donc choisi son camp. Pas d'exclusive, cependant. S'il accordait sa préférence à Mozart, il aimait aussi Beethoven. Et Brahms.

Et Bach.

En 1908, le physicien se débattait à Berne contre les pages et les pages de calcul qui allaient aboutir sept ans plus tard aux équations de la relativité générale quand un fait d'importance se produisit à Leipzig : les autorités de la ville décidèrent de déboulonner la statue du philosophe, mathématicien, philologue, bibliothécaire, diplomate et courtisan Gottfried Wilhelm Leibniz qui trônait sur la place de l'église Saint-Thomas pour la déplacer un peu plus loin.

J'ignore si Einstein, tout imprégné qu'il était de Spinoza, eut jamais connaissance des vues de Leibniz sur la musique et, le cas échéant, ce qu'il en aurait pensé. Je subodore fortement qu'elles ne lui auraient pas déplu. En plusieurs de ses écrits, dont une lettre adressée en avril 1712 au mathématicien et théoricien de la musique Christian Goldbach (celui de la conjecture), Leibniz dit de cet art qu'il est…

> « *Exercitium arithmeticae occultum nescientis se numerare animi*[54] » [Une pratique cachée de l'arithmétique, l'esprit n'ayant pas conscience qu'il compte].

Cette définition de la musique comme « pratique cachée de l'arithmétique » la rapprochait, aux yeux du philosophe de Hanovre, de cette *harmonia universalis,* cette « harmonie universelle » dont il avait fait la base de son système philosophique, le principe et la clef de voûte de son explication du monde. Il ne serait presque pas exagéré de dire que, dans son esprit, les compositeurs qui opèrent ce calcul inconscient de l'âme reproduisent à l'échelle humaine la geste du Dieu calculateur et créateur de toutes choses :

> « *Cum Deus calculat et cogitationem exercet, fit mundus*[55] » [Pendant que Dieu calcule et exerce sa pensée, le monde se fait].

Cela étant rappelé, on mesure mieux quelle portée symbolique ont l'enlèvement en 1908 de la statue de Leibniz et son remplacement par celle de l'autre grand homme de Leipzig, Jean-Sébastien Bach, qui se trouve toujours aujourd'hui représenté en pied devant le portail de cette église Saint-Thomas dans laquelle il officia si longtemps.

Nul mieux que le « cinquième évangéliste » n'aura su mettre en pratique dans ses œuvres, surtout celles des dernières années, la théorie leibnizienne de la musique, nul mieux que lui n'aura pratiqué ce calcul inconscient et infiniment complexe par quoi Leibniz définissait la musique. Contrairement au philosophe, Bach ne nous a laissé aucune lettre dans laquelle il eût exposé quelques réflexions théoriques sur son art. Il répugnait même tellement à traduire en mots ce qu'il savait si bien dire avec les notes que, lors de son admission à la société Mizler (fondée précisément dans le but de fournir une interprétation mathématique de la musique), il obtint par dérogation d'être dispensé de présenter une communication savante sur la science musicale, comme tous les sociétaires devaient le faire chaque année, s'engageant en contrepartie à leur faire entendre une œuvre spécialement composée dans cet esprit. Les mélomanes y ont gagné l'*Offrande musicale*, les *Variations canoniques* et l'*Art de la fugue*.

Hamlet dirait que le reste est silence.

Cum Deus calculat

Le silence ayant assez duré, j'en reviens à la formule de Leibniz :

> « Pendant que Dieu calcule et exerce sa pensée, le monde se fait. »

Cette proposition écrite en latin par le philosophe dans la marge d'un de ses propres ouvrages (le *Dialogus de connexione inter res et verba*, daté de 1677) constitue l'une de ses pensées les plus profondes, et les plus commentées ; elle peut, je crois, être retraduite comme suit :

> « Le monde – l'univers dans son entier, avec tout ce qu'il renferme – est le résultat incessant d'un incessant calcul de Dieu. »

Thèse audacieuse, beaucoup plus radicale que celle de Galilée. Que nous disait l'auteur de *Il Saggiatore* ? Que l'univers est comme un livre – « un livre gigantesque continuellement ouvert devant nos yeux » – qui serait *écrit* « en langage mathématique ». Et que nous dit à présent Leibniz ? Que l'univers n'est pas avec les mathématiques dans le même rapport que le contenu d'un livre avec la langue dans laquelle il est rédigé, mais qu'il *est* lui-même une entité mathématique, ou plutôt une immense structure (mathématique) constituée d'une infinité de sous-structures et d'entités participant toutes du même infini et incessant calcul.

Certes, cet « infini et incessant calcul », Leibniz, en homme de son temps, l'attribue à Dieu, ce qui ne manquera pas d'incommoder ceux qui ne partagent pas sa foi ardente, ou qui ont simplement le souci de se tenir aussi écartés que possible de toute transcendance. Mais à ceux-là je ferai remarquer que ce calcul incessant et universel – ce calcul s'opérant à tout instant, en tout point de l'espace, par le truchement des équations – que serait, dans cette perspective, l'univers n'implique pas nécessairement l'existence d'un Dieu créateur et ordonnateur de cet univers. Reconnaissons que ce qui allait de soi pour Leibniz et ses contemporains – point de calcul sans une entité calculatrice – a perdu, depuis lors, beaucoup de son caractère d'évidence. Mais admettons en même temps que la forte pensée du philosophe, telle que nous l'avons retraduite, peut fort bien faire l'économie de toute référence à un principe divin :

« Le monde est le résultat incessant d'un incessant calcul »

… est une affirmation incertaine peut-être, douteuse peut-être, mais nullement incomplète, nullement bancale. Nous ne lui avons rien retranché en lui retranchant « Dieu ».

Musica Mundi

La musique de Bach est si parfaite, si aboutie, que beaucoup ont été tentés d'y voir l'expression d'un immense et mystérieux calcul. Ne pourrait-on pas imaginer que l'univers soit quelque chose du même ordre que ces œuvres de « divines mathématiques » du Cantor de Leipzig, mais porté à un degré de complexité infiniment supérieur, et aux dimensions des étoiles ?

Quant à savoir si les physiciens parviendront un jour à reconstituer la totalité de la partition…

Coda
Le cerveau d'Einstein, rêverie *post mortem*

« Cerveau. – Appareil avec lequel nous pensons que nous pensons. »

Ambrose BIERCE, *Dictionnaire du Diable*.

Il se trouvait à la fin des années 1970, cachés dans une caisse de cidre appartenant à un paisible sexagénaire, médecin légiste à la retraite, lequel résidait dans la ville de Wichita au Kansas – « c'est-à-dire nulle part », comme aurait dit Alfred Jarry –, deux bocaux de verre au contenu extraordinaire. Assez extraordinaire même pour qu'un journaliste du New Jersey plus futé que les autres retrouve la trace dudit sexagénaire et convainque sa rédaction en chef de lui payer le voyage jusqu'à Wichita. Cela se passait en 1978.

Vingt-trois ans plus tôt, un 18 avril, Einstein avait poussé son dernier souffle à l'hôpital de Princeton. Avant la crémation du corps et la dispersion des cendres en un lieu tenu secret par Otto Nathan et Paul Oppeinheim, deux amis du défunt, le Dr Thomas Harvey, qui n'habitait pas encore Wichita, avait procédé à une autopsie. Mais, saisi peut-être d'une inspiration subite au moment où il pratiquait son art, il avait pris sur lui, avant de restituer le corps à la famille, de scier le crâne afin d'en extraire et de conserver par-devers lui le cerveau du grand physicien. Et c'est ainsi que le petit tas de matière grisâtre et molle qui avait changé le cours du monde échappa ce jour-là aux flammes du four crématoire – si ce n'est à celles de l'Enfer.

*

J'ignore si l'auteur de *Mythologies* savait de quel étrange larcin le cerveau d'Einstein avait été l'objet quand il décida d'en faire, aux côtés du visage de Garbo, du bifteck frites, du Tour de France et de la nouvelle Citroën, l'un des cinquante-trois mythes de son célèbre recueil. Mais, s'il l'a appris, il n'en aura sûrement pas été surpris, lui qui écrivait :

> « Le cerveau d'Einstein est un objet mythique : paradoxalement, la plus grande intelligence forme l'image de la mécanique la mieux perfectionnée, l'homme trop puissant est séparé de la psychologie, introduit dans un monde de robots ; on sait que dans les romans d'anticipation, les surhommes ont toujours quelque chose de réifié. Einstein aussi : on l'exprime communément par son cerveau, organe anthologique, véritable pièce de musée[56]. »

Quelques lignes plus bas, Roland Barthes ajoute :

> « La mythologie d'Einstein en fait un génie si peu magique, que l'on parle de sa pensée comme d'un travail fonctionnel analogue à la confection mécanique des saucisses, à la mouture du grain ou au bocardage du minerai : il produisait de la pensée, continûment, comme le moulin de la farine, et la mort a été pour lui, avant tout, l'arrêt d'une fonction localisée : "Le plus puissant cerveau s'est arrêté de penser[57]." »

Barthes nous dit entre les lignes qu'il y a une grande naïveté à voir les choses ainsi – à tenir pour acquis qu'un cerveau produit de la pensée exactement comme un moulin de la farine et que les mécanismes cérébraux qui aboutissent à l'équation $E = mc^2$ ne sont pas essentiellement différents de ceux qui font moudre du blé à une meule, juste plus compliqués, plus subtils. C'est le point de vue que défendent, aujourd'hui comme hier, les matérialistes, pour qui la matière seule existe, la pensée et la conscience n'en étant que des propriétés émergentes qui apparaissent à partir d'un certain degré de complexité – et quoi de plus complexe qu'un cerveau humain, avec ses cent milliards de neurones formant entre eux un billiard de connexions ?

Tout au long des âges, il s'est trouvé des philosophes pour soutenir cette conception que résuma en une brève et forte formule, à l'orée du XIXe siècle, le médecin et physiologiste Pierre-Jean-Georges Cabanis :

> « Le cerveau sécrète de la pensée comme le foie sécrète la bile[58]. »

Ce credo de Cabanis et de tous les matérialistes avec lui est le grand souffle qui anime la neurologie moderne, science encore balbutiante, dans ses efforts passionnés pour faire correspondre un à un nos états cérébraux et nos processus mentaux. Il est aussi au fondement de toutes les recherches sur l'intelligence artificielle depuis la conférence de Dartmouth de 1956. S'il y a de la naïveté à croire que le cerveau produit de la pensée comme le moulin de la farine, ainsi que Barthes nous le suggère avec son air de ne pas y toucher, un certain nombre de philosophes de toute époque, et la grande majorité des neurologues et cogniticiens actuels, sont ou ont été de grands naïfs.

*

Mais revenons-en à Einstein. Ce 18 avril 1955, il avait donc *rendu* l'esprit (à qui ?) mais abandonné son cerveau aux mains du Dr Harvey, qui sut quoi en faire. Il commença par le peser, constata avec surprise qu'il était un peu moins lourd que la moyenne (1 230 g au lieu de 1 350) puis le mitrailla sous toutes les coutures avec son Exakta 35 millimètres ; après quoi il s'arma de son scalpel et entreprit de découper le vénérable viscère en quelque 240 blocs de 10 centimètres cubes, chacun dûment étiqueté selon son emplacement dans l'ensemble et divisé en une série de fines lamelles, selon les canons de l'histologie.

Mais rien ne sortit de ce funèbre travail : n'étant parvenu à tirer aucune conclusion convaincante de ses observations, mesures et découpes, le médecin des morts alla se perdre dans les sables du Kansas avec ses précieux bocaux de formol pour s'y faire à tout jamais oublier du monde.

Jusqu'à ce jour de 1978 où ce fichu reporter du New Jersey vint sonner à sa porte.

Débusqué de sa cachette – on ne possède pas le cerveau d'Einstein impunément –, le Dr Harvey finit par accepter de partager son visqueux trésor. Celui-ci connut alors le sort de ces malheureux patients auxquels, à force de leur faire passer des examens toujours plus poussés pour la seule raison que les précédents n'ont rien donné, on finit toujours par « trouver quelque chose ». C'est ainsi qu'en 1985 Marian Diamond, une neuroanatomiste de l'Université de Berkeley à qui le Dr Harvey avait fait parvenir quelques échantillons, cosigne avec lui dans la revue *Neurology* un article où il nous est expliqué que le cerveau d'Einstein, s'il ne se distinguait pas des autres par sa taille, plutôt médiocre, comportait en revanche, au niveau de son lobe pariétal inférieur gauche (justement impliqué dans les tâches de raisonnement mathématique et de visualisation dans l'espace), un nombre de cellules gliales supérieur à la moyenne. Les cellules gliales sont un peu les bonnes à tout faire des neurones : elles les approvisionnent en nutriments, en oxygène ; elles enveloppent leurs fins axones d'une gaine protectrice de myéline ; surtout, elles les débarrassent de leurs « déchets » – ces piles d'ions potassium qui s'accumulent à l'extérieur des neurones lorsqu'ils s'activent et qui, si on n'y mettait pas bon ordre, finiraient par les étouffer.

Marian Diamond en déduisit que le génie d'Einstein provenait de l'efficacité accrue de ce système de nettoyage-gardiennage, qui avait permis à ses neurones de « phosphorer » à bloc, quitte à encombrer l'espace extracellulaire d'un maximum de potassium.

Las ! Ces lumineuses explications furent bientôt écartées d'un revers de la main, au motif que la quantité de cellules gliales du cerveau d'Einstein avait été comparée à celle de cerveaux d'hommes décédés à un âge moins avancé que l'illustre physicien, ce qui suffisait à expliquer l'écart constaté…

Qu'à cela ne tienne. À la fin des années 1990, c'est au tour de Sandra Witelson, une neurologue de l'Université McMaster de Hamilton, de s'attirer l'attention de ses collègues avec ses propres observations. Bon prince, le Dr Harvey s'était rendu au Canada avec le précieux encéphale et l'avait autorisée à en prélever une part. La neurologue constata que la scissure dite de Sylvius, qui divise les lobes pariétaux en deux, était chez Einstein quasi absente ; ce qui, poursuivait-elle, accroissait la taille desdits lobes d'environ 15 % par rapport à ceux de M. Tout-le-monde. Une découverte d'autant plus intéressante que, rappelons-le, les lobes pariétaux sont précisément les zones du cerveau impliquées dans le raisonnement mathématique et la visualisation en trois dimensions.

Las, las, trois fois las ! Ces conclusions ne résistèrent pas davantage à l'épreuve de la critique que celles du Pr Diamond. D'après de nouvelles recherches, conduites cette fois par l'anthropologue Dean Falk de l'Université d'État de Floride – le cerveau d'Einstein serait-il un objet d'études exclusivement féminin ? –, sa scissure de Sylvius n'avait rien d'inhabituel. Spécialiste de l'évolution du cerveau chez les primates supérieurs (et le père de la relativité n'était après tout qu'un primate supérieur parmi d'autres), Dean Falk possédait un avantage sur ses devancières : elle a eu accès à des photographies inédites, rendues publiques après la mort du bon Dr Harvey en 2007 et le legs de ce qui restait du cerveau d'Einstein au National Museum of Health and Medicine de Chicago. Le Pr Falk et son équipe passèrent des mois à étudier à la loupe la moindre des circonvolutions, les sillons et les fissures de l'énigmatique organe. Lequel se révéla, au terme de ce long et délicat travail de cartographie, plus plissé que la moyenne. « Einstein avait des cortex préfrontaux extraordinaires, avec des repliements complexes qui ont pu contribuer à ses capacités cognitives remarquables », déclara l'anthropologue qui, de son propre aveu, fut pendant tout le temps que durèrent ses recherches tellement obnubilée par le cerveau d'Einstein qu'elle en rêvait la nuit. (Rêvait-elle des cortex préfrontaux du grand homme comme une amoureuse des beaux yeux bruns de son fiancé ?)

*

Toutes ces recherches et les conclusions contradictoires auxquelles elles aboutissent ont, avouons-le, quelque chose d'un peu ridicule qui donne raison à l'auteur de *Mythologies* quand il sous-entend que les matérialistes font montre, dans leurs conceptions, de beaucoup de naïveté. Pas besoin d'être Molière pour caricaturer nos trois spécialistes du cerveau sous les traits de Dames Diafoirus d'aujourd'hui : « *L'une* : Le génie d'Einstein tenait au nombre anormalement élevé de cellules gliales de son lobe pariétal inférieur gauche ! – *L'autre* : Nullement, chère collègue, mais à la quasi-absence de scissure de Sylvius de ce même lobe. – *La troisième* : Où avez-vous vu que la scissure de Sylvius du sujet était quasi absente ? Je l'ai bien repérée, moi. Et puis d'ailleurs qu'importe, puisque ce sont les repliements du cortex préfrontal qui expliquent tout », etc.

Mais ne cédons pas à la tentation de la caricature, surtout quand elle est aussi facile et aussi peu fondée que celle-ci – car enfin, si les tentatives répétées faites pour identifier un substrat cérébral au génie créateur d'un homme comme Einstein n'ont abouti à rien, si, au terme de l'examen approfondi de son cerveau, aucune conclusion ne s'est imposée sur les autres, n'est-ce pas avant tout pour la raison que la neurologie, à la différence de la physique, est une science essentiellement descriptive, une science tout aussi « molle » que l'organe même qu'elle étudie ?

Sans doute serait-il « naïf », en effet, de vouloir *réduire* le génie d'Einstein à une unique caractéristique aussi simple que l'une ou l'autre de celles pointées par Mmes Diamond, Witelson et Falk. Pour autant, sachant quelles idées révolutionnaires il en est sorti (quelle quantité anormalement importante de *pensée* il a sécrété en soixante-seize ans d'activité, pour parler comme Cabanis), est-il illégitime de nourrir une curiosité particulière pour ce cerveau-là, de préférence à tous les autres ? Je ne le crois pas.

On m'objectera peut-être qu'on ne compare pas deux cerveaux aussi facilement qu'on le ferait de deux machines analogues, les premiers étant rarement fournis avec les plans.

Je répondrais que ce n'est pas une raison pour ne pas essayer ; et puis, comme l'éprouva le Dr Harvey, il est de certaines boîtes qu'il est vraiment difficile de se retenir d'ouvrir.

Mais assez de ces considérations neurologiques. Je laisse aux spécialistes le soin de gloser sur la découverte passée ou future de telle ou telle caractéristique anormale du cerveau d'Einstein ; quant à moi, qui ne suis qu'un rêveur, je voudrais juste poser la question suivante : le génie d'Einstein tenait-il à son cerveau, ou à l'usage extraordinaire qu'il faisait de son cerveau ?

Question sensée au premier abord et qui pourtant, si l'on y regarde d'un peu plus près, se révèle être un piège, une question gigogne.

Car supposons un instant que la seconde hypothèse soit la bonne, et considérons l'affirmation suivante : « Le génie d'Einstein tenait à l'usage extraordinaire qu'il faisait de son cerveau. » Qui désigne ce *il* ? Einstein, naturellement. C'est ce que commande la grammaire. Mais qu'est-ce qui, en Einstein, lui permettait de faire cet usage extraordinaire de son cerveau, sinon son cerveau lui-même ?

Et nous voici avec un beau cas de *regressus in infinitum* sur les bras !

Appendices

Les expériences de pensée d'Einstein

Les expériences de pensée consistent, pour les physiciens, à s'affranchir des contraintes techniques et à recourir à leur imagination, à grands coups de « supposons que… » et de « que se passerait-il si… », pour tenter de résoudre un problème, le plus souvent un paradoxe. Galilée, le père de la physique moderne, en faisait déjà usage au XVIIe siècle. Mais le virtuose du genre est incontestablement Einstein, qui en a concocté de fameuses. Ce sont deux d'entre elles, notamment, qui l'ont mis sur la voie des deux versions successives de sa grande théorie : l'expérience dite « du train » pour la relativité restreinte de 1905 et celle dite « de l'ascenseur » pour la relativité générale de 1915.

Les expériences de pensée ne suffisent pas à bâtir une théorie. Quand, en 1907, Einstein imagine celle de l'ascenseur et en retire ce qu'il qualifiera lui-même d'« idée la plus heureuse de [sa] vie », il ne se doute pas qu'il lui faudra encore pas moins de huit années d'efforts acharnés à se débattre contre les mathématiques avant de parvenir à formaliser correctement sa théorie. Toute *Gedankenexperiment*, si géniale soit-elle, n'est jamais qu'un tremplin. Mais il n'en demeure pas moins qu'au commencement était l'Intuition.

Et puisque les idées lumineuses nées de la « simple » intuition sont plus faciles d'accès que les formalismes mathématiques qui en découlent, n'ayons pas peur d'y regarder d'un peu plus près…

Le train

Commençons par rappeler le point de départ, c'est-à-dire le problème (le paradoxe) à résoudre. Il tenait à la « contradiction apparente » entre la loi de propagation de la vitesse de la lumière (loi dictée par les équations de Maxwell), qui veut que celle-ci se propage toujours à la même vitesse *c*, et le principe de relativité galiléen, que l'on peut résumer ainsi : si une loi de la nature est vraie dans un référentiel donné, elle doit rester vraie dans un autre référentiel en mouvement rectiligne uniforme par rapport au premier.

Comment cette apparente contradiction a mis Einstein sur la voie qui allait aboutir à l'idée que la simultanéité n'est pas absolue, comme on le pensait depuis Newton, mais relative ?

Pour le comprendre, imaginons un train qui circule sur des rails rectilignes à une certaine vitesse uniforme *v*. Imaginons encore que, dans l'un des wagons de ce train, se trouvent trois voyageurs : deux sont situés aux extrémités du wagon, et prennent une photo au flash d'un troisième assis au milieu. Ce voyageur du milieu, qui est physicien et ne rate jamais une occasion de faire une expérience, a mesuré la vitesse des deux signaux lumineux et trouvé la même valeur, *c*, des deux côtés. Ce qui ne l'a pas surpris car il connaît le principe d'invariance de la vitesse de la lumière. Comme, par ailleurs, il a constaté que les deux signaux ont atteint sa rétine exactement en même temps, il en a déduit assez logiquement que les deux photographes, situés à égale distance de lui, ont appuyé sur leur obturateur au même instant.

Pour lui, tout est clair.

Jusqu'ici, c'est le train qui nous a servi de référentiel. Mais changeons-en, et adoptons maintenant celui de la gare. Considérons donc ce brave chef de gare qui se tient immobile sur le quai tandis que le train traverse sa gare à la vitesse *v*. Et demandons-nous ce que l'expérience toute simple réalisée par le voyageur dans son référentiel (le train) aurait donné pour le chef de gare dans le sien (la gare).

Si ce chef de gare partage tant soit peu l'amour de la physique du voyageur pris en photo, cette expérience ne peut manquer de le plonger dans la perplexité, car elle l'a conduit à faire un petit raisonnement qui le turlupine.

Ce raisonnement, le voici, et il est tout simple : après que le voyageur assis à l'arrière du wagon (appelons-le A) a déclenché son obturateur, le signal lumineux a mis un certain temps *t* pour parcourir la moitié du wagon, distance le séparant du voyageur du milieu. Mais n'oublions pas que le chef de gare se place dans son propre référentiel, celui de la gare, par rapport auquel le train se déplaçait à la vitesse *v*. Et le voyageur du milieu avec lui. Ce qu'il a donc vu, lui chef de gare, c'est que pendant ce même temps *t* le voyageur du milieu a reculé devant le signal lumineux parti du flash de A d'une certaine distance, valant *v* x *t*. Il en résulte que ce signal a parcouru une distance un peu plus grande qu'une moitié de wagon avant d'atteindre le voyageur du milieu. Inversement, pendant que le signal lumineux émis par le flash du voyageur situé à l'avant du wagon (B) fusait vers le voyageur du milieu, celui-ci a avancé à sa rencontre de la même distance *v* x *t*. Ce second signal a donc, au contraire, parcouru une distance un peu plus petite.

Notre drôle de chef de gare s'y connaît un peu en physique. Il s'y connaît notamment assez pour savoir que, puisqu'il existe une loi de la nature affirmant que la lumière se propage toujours à la vitesse *c*, cette loi, en vertu du principe de relativité galiléen, est vraie aussi bien dans le référentiel « train » (où elle a d'ailleurs été vérifiée par le voyageur qui a réalisé sa petite expérience) que dans le référentiel « gare ». Son raisonnement n'en reste pas moins valable, mais il faut y ajouter ce codicille : dans le référentiel de la gare comme dans celui du train, les deux rayons lumineux se sont propagés à l'intérieur du wagon à la même vitesse *c*.

Mais alors, puisque les deux signaux se sont propagés de part et d'autre à la même vitesse, comment se fait-il qu'ils soient arrivés dans la rétine du voyageur du milieu au même instant, vu que l'un a parcouru plus de distance que l'autre ?

Notre chef de gare se sent complètement perdu…

Arrive Einstein, qui se propose de lui offrir un verre à la buvette de sa propre gare et de le tirer d'embarras. « Votre raisonnement se tient, lui dit-il, et vous avez raison de n'abandonner ni le principe de relativité galiléen ni celui de l'invariance de la vitesse de la lumière. Les deux sont vrais. Les deux doivent être maintenus. Ce qui doit sauter, en revanche, c'est l'idée que nous nous faisions du temps depuis Newton. »

Le chef de gare lève un sourcil perplexe.

« Vous vous teniez immobile sur le quai quand le train et ses trois voyageurs sont passés devant vous à la vitesse *v*, reprend Einstein. Les deux référentiels, quai de la gare et train, étant animés l'un par rapport à l'autre d'un mouvement rectiligne uniforme, on peut aussi bien dire que c'est vous, et le quai, et toute la gare, qui êtes passés en sens inverse à la vitesse *v* devant le train immobile. Vous en êtes d'accord ? »

Le chef de gare opine du bonnet (cela, il le sait, on ne la lui fait pas).

Einstein poursuit : « *Pour* le voyageur assis au milieu du wagon et qui s'est laissé photographier par les deux autres, je veux dire par là : dans son temps propre à lui, ces derniers ont déclenché leur obturateur simultanément… *Mais pas pour vous.* »

Nouveau silence du chef de gare.

« Si nous admettons l'idée que deux événements simultanés pour un observateur ne le sont pas pour un autre en mouvement par rapport à lui (en l'occurrence, vous), il n'y a plus de paradoxe… plus de problème ! Et c'est bien cette idée qu'il vous faut admettre, car vous dites tous les deux la vérité : et le voyageur quand il indique que ses deux compagnons de voyage A et B ont déclenché leur appareil simultanément, et vous quand votre raisonnement vous conduit à affirmer qu'ils ne l'ont pas fait, que A a forcément dû déclencher son appareil un peu avant B… Je vous confirme que, *dans votre temps propre à vous,* A a effectivement déclenché son appareil un peu avant B. »

La bouche du chef de gare s'entrouvre légèrement. Et le physicien d'enfoncer le clou : « Ce qui signifie, cher monsieur, que, quand il est midi à votre montre, il n'est pas forcément midi à la mienne. Il suffit que je passe en train devant vous pour que ce ne soit pas le cas ! »

Le chef de gare remercie Einstein pour ses explications, mais je ne suis pas certain que celles-ci l'aient pleinement rasséréné…

L'ascenseur

C'est l'idée « la plus heureuse » qu'Einstein, de son propre aveu, ait jamais eue de toute sa vie, ce qui n'est pas rien quand on sait que le bonhomme en collectionna quand même un certain nombre en soixante-seize ans d'existence. Cette idée, les physiciens la connaissent sous le nom de principe d'équivalence. Elle est au fondement du *magnum opus* d'Einstein, sa théorie de la relativité générale. Et elle lui a été suggérée, en 1907, par une histoire d'ascenseur dans l'espace.

Avant d'en venir à l'expérience de pensée proprement dite, commençons par rappeler brièvement le contexte dans lequel elle émergea. Vous rappelez-vous, cher lecteur, à quels problèmes se colletait Einstein en cette année 1907 ? L'un d'eux était cette histoire de *distinguo* entre masse inerte (mesurant l'inertie d'un corps) et masse pesante (mesurant l'effet de la gravitation sur ce même corps). Puisqu'un même corps avait deux sortes de masse, comment se faisait-il que ces deux masses, de natures différentes, aient toujours rigoureusement la même valeur ? La loi sur la chute des corps découverte par Galilée prouvait bien cette égalité, dont Newton avait d'ailleurs fourni une ébauche d'explication. Mais tout cela ne satisfaisait guère Einstein. Trop tarabiscoté pour lui. Pourquoi le

Créateur aurait-il créé deux sortes de masse si c'était ensuite pour les confondre l'une avec l'autre ?

Il devait y avoir là-dessous quelque chose de plus profond, quelque chose de caché.

Une fois encore, Einstein avait flairé les roses avant de découvrir le pot. Et c'est son expérience de pensée qui lui permit finalement de mettre la main dessus.

Voyons un peu ce qu'il en a dit lui-même dans son petit livre de vulgarisation de 1916, déjà cité. Il commence par nous emmener par la pensée dans une région de l'univers vide de toute planète ou étoile, donc loin de toute attraction gravitationnelle. Et voici ce qu'il se figure ensuite :

> « Imaginons comme corps de référence une immense boîte de la forme d'une chambre et qu'à son intérieur se trouve un observateur muni d'appareils. Pour cet observateur la pesanteur n'existe naturellement pas. Il doit se fixer au sol par des ficelles pour ne pas s'envoler lentement vers le plafond de la chambre au moindre choc contre le plancher.
> Supposons qu'au milieu extérieur du toit de la boîte soit fixé un crochet auquel est attachée une corde qu'un être quelconque commence à tirer avec une force constante. La boîte et l'observateur commencent alors à s'envoler d'un mouvement uniformément accéléré vers le "haut". Leur vitesse augmenterait au cours du temps d'une façon fantastique, si nous envisagions tout cela relativement à un autre corps de référence, qu'on ne tire pas avec une corde. Mais comment l'homme dans la boîte juge-t-il l'événement[59] ? »

Réponse d'Einstein :

> « L'accélération de la boîte lui est transmise par l'intermédiaire du plancher sous forme de contre-pression. Il doit donc absorber cette pression au moyen de ses jambes, s'il ne veut pas s'étaler sur le plancher de tout son long. Il est donc debout dans la boîte exactement comme un homme dans la chambre d'une maison sur notre terre[60]. »

Plus besoin de ficelles pour s'arrimer au sol, les pieds de l'observateur dans sa boîte sont désormais bien arrimés au sol, l'homme se sent peser de tout son poids sur le plancher. S'il lâche le volume qu'il tient à la main (il s'agit bien entendu de *La Relativité* d'Einstein), l'accélération de la boîte n'étant plus transmise au livre, celui-ci tombera sur le plancher selon un mouvement uniformément accéléré, conformément à la loi de la chute des corps de Galilée. En d'autres termes, tout se passe comme si l'accélération vers le « haut » de l'ascenseur spatial avait créé un champ gravitationnel… là où il n'y en avait pas.

Mais inversons les données de départ. Nous avons imaginé un ascenseur flottant dans un espace vide de tout champ gravitationnel, mais accéléré vers le haut au moyen d'une corde. Considérons à présent la situation opposée. Revenons sur Terre, là où un champ gravitationnel existe bel et bien. Notre observateur se tient cette fois dans un ascenseur tout ce qu'il y a de plus banal, comme on en voit dans n'importe quelle cage d'escalier. Sauf que le câble s'est rompu et que l'ascenseur tombe en chute libre vers le rez-de-chaussée (c'est une expérience de pensée, on peut prendre quelques libertés avec la vie humaine). À part que ça risque de mal finir pour lui, que peut se dire l'observateur ? Qu'il devrait se fixer au sol avec des ficelles pour ne pas se mettre à flotter dans la boîte. Que s'il lâchait son exemplaire de *La Relativité,* sans lui donner de vitesse, simplement en écartant les doigts, le volume continuerait de flotter à ses côtés, à la hauteur de sa main. En d'autres termes, tout se passe comme si l'accélération vers le bas de l'ascenseur avait supprimé le champ gravitationnel de la Terre. Notre second observateur pourrait tout aussi bien s'imaginer qu'il est dans une boîte flottant dans l'espace, loin de tout champ gravitationnel, comme dans le premier cas de figure avant qu'un être surnaturel ait commencé de tirer sur la corde. Inversement, à partir du moment où cet être surnaturel a commencé de tirer, et pour peu qu'il l'ait fait avec une force telle que l'accélération vers le haut de la boîte vaille très exactement celle que subit vers le bas tout corps tombant sur Terre (soit 10 m/s par seconde), le premier observateur aurait pu tout aussi bien s'imaginer qu'il se trouvait dans une boîte immobile… sur Terre.

Ce sont ces « tout se passe comme si… » qui mettent la puce à l'oreille d'Einstein. Il comprend le sens profond caché derrière ces histoires un peu abracadabrantesques d'ascenseur ; il comprend ce que nul n'avait compris avant lui et, surtout, il le généralise : pour un observateur enfermé à l'intérieur d'une boîte, *rien*, aucune expérience de physique d'aucune sorte – qu'elle relève de la mécanique (comme de lâcher un livre qu'on tient à la main) ou autre – ne peut permettre de trancher la question de savoir s'il se trouve, par exemple, dans une boîte immobile mais soumise à un champ gravitationnel, ou dans une boîte à l'extérieur de tout champ gravitationnel mais uniformément accélérée. Accélération, gravitation, même combat ! Ce sont deux aspects, deux facettes du même et unique phénomène. Ce qui signifie que masse inerte et masse pesante sont elles aussi deux aspects, deux facettes de la même et unique masse – pas étonnant, dès lors, qu'elles soient toujours égales entre elles *.

Le principe d'équivalence était né.

Et il allait conduire son découvreur loin, très loin – jusqu'à la théorie de la relativité générale. Puisque « enfermé dans une boîte immobile sur Terre » et « enfermé dans une boîte uniformément accélérée dans l'espace vide » sont deux situations parfaitement équivalentes, qu'aucune expérience de physique ne saurait départager, il suffirait, se dit-il, d'imaginer quels résultats donneraient des expériences (un peu plus raffinées que de lâcher le livre qu'on tient à la main) se déroulant dans l'une pour pouvoir les transposer dans l'autre. Et c'est ce qu'il a fait. En raisonnant à partir de l'une,

* En décembre 2017, le satellite *Microscope* du Centre national d'études spatiales français, équipé d'accéléromètres destinés à vérifier le principe d'équivalence dans l'espace avec une précision inégalée, a livré de premiers résultats, encore partiels. Ceux-ci montraient que le principe d'équivalence était vérifié avec une précision de 2.10^{-14}. À l'heure où j'écris ces lignes, la mission est toujours en cours et s'achemine vers son objectif : une validation – ou, ce qui serait beaucoup plus excitant, une invalidation – à l'échelle de 10^{-15}.

il a démontré ce qui se passerait dans l'autre – ou plutôt ce qui s'y passe effectivement, mais que nous ne savions pas jusqu'ici.

C'est ainsi, en se donnant comme cadre de référence un ascenseur spatial uniformément accéléré puis en transposant les résultats de ses calculs à l'existence d'un champ gravitationnel, qu'il a notamment démontré que la gravité devait nécessairement incurver les rayons lumineux – déduction vérifiée, on l'a vu, par l'astronome Arthur Eddington lors de l'éclipse de mai 1919. Et c'est encore ainsi qu'il a démontré que cette même gravité devait « ralentir » le temps. Ce que les horloges atomiques ont vérifié également.

Et maintenant, qui niera encore que certains ascenseurs vous élèvent plus haut que d'autres ?

Vous les avez rencontrés dans ces pages…

ALBERT DE SAXE (1316-1390). Philosophe, astronome, mathématicien et géologue allemand. Fonde l'Université de Vienne dont il devient le premier recteur avant d'être élu évêque. A été le disciple de Jean Buridan (celui de l'âne du même nom) ; ses travaux en logique montrent également une forte influence de Guillaume d'Ockham (celui du rasoir).

ALAIN ASPECT (né en 1947). Physicien français comblé de prix (les médailles Albert-Einstein et Niels-Bohr, entre autres) pour avoir conduit entre 1980 et 1982, à l'Institut d'optique d'Orsay, le premier test concluant ayant permis d'établir la réalité de l'intrication quantique, et donc de trancher la longue controverse Einstein-Bohr en faveur de ce dernier.

FRANCIS BACON (1561-1626). Homme d'État et philosophe anglais. Le roi Jacques Ier, qui aimait les savants, en fait son grand chancelier, ce qui ne l'empêche pas de tâter un peu plus tard la paille des cachots (ceux de la tour de Londres, *of course !*). Père de l'empirisme (Kant lui dédiera à ce titre sa *Critique de la raison pure*), il a précisé les règles de la méthode expérimentale dans le *Novum Organum* (1620), ouvrage qui fait de lui l'un des pionniers de la pensée scientifique moderne. Comme si cela ne suffisait pas, le mathématicien allemand Georg Cantor s'est obstiné à voir en lui le véritable auteur des pièces attribuées à William Shakespeare.

JOHANN SEBASTIAN BACH (1685-1750). Un évêque suédois du début du XXe siècle a appelé ses cantates le Cinquième Évangile. La musique du cantor de Leipzig constitue l'une des plus belles illustrations de la définition que son compatriote et contemporain Leibniz donnait de cet art : une pratique cachée de l'arithmétique, un calcul inconscient de l'âme.

JOHN BELL (1928-1990). Physicien nord-irlandais, principalement connu pour son théorème et les inégalités qui en découlent. Formulées en 1964, celles-ci constituent la base théorique sur laquelle s'appuieront Alain Aspect et son équipe pour réaliser leur expérience et trancher le débat qui opposa Einstein et Bohr sur la réalité de l'intrication quantique.

HENRI BERGSON (1859-1941). Gloire dégarnie de la philosophie française, prix Nobel de littérature 1927. Dans son *Essai sur les données immédiates de la conscience*, texte de 1889 qui constituait sa thèse de doctorat, Bergson oppose au temps de la science – la variable *t* des équations – la notion de durée, telle qu'éprouvée par la conscience. Pour faire comprendre la différence entre ce temps vécu et la pure abstraction désignée par le même nom en physique, Bergson avait coutume de faire fondre un morceau de sucre dans un verre d'eau lors de ses leçons au Collège de France. Leçons auxquelles il y avait foule, car ce profond penseur du temps était devenu la coqueluche du Tout-Paris de la Belle Époque.

MICHELE BESSO (1873-1955). Physicien suisse d'origine italienne, et grand ami d'Einstein. Les deux hommes, qui partageaient le même amour de la musique et jouaient l'un et l'autre du violon, s'étaient rencontrés à l'occasion d'un concert à l'École polytechnique fédérale de Zurich, où ils étaient condisciples. Devenus collègues au Bureau des brevets de Berne, ils ont eu, dans les rues et les jardins de cette ville, des discussions enflammées qui ont aidé Einstein à accoucher en 1905 de sa première théorie de la relativité. Ils ne cesseront de correspondre jusqu'à leur mort en 1955, le 15 mars pour Besso, le 18 avril pour Einstein.

AUGUSTE BLANQUI (1805-1881). Révolutionnaire socialiste français, nourri au lait de Saint-Simon, Fournier et Babeuf. Il était surnommé « l'Enfermé » : c'est dire si ses idées politiques lui ont valu de nombreux séjours derrière des barreaux. C'est à l'occasion de l'un d'entre eux, au fort maritime du Taureau où on l'avait mis à croupir pendant que les Versaillais écrasaient la Commune, que délaissant momentanément la politique pour la rêverie scientifique il écrit *L'Éternité par les astres*, livre dans lequel se trouve pour la première fois exposé ce qui est depuis appelé le « paradoxe de la duplication des êtres » dans un espace infini. Peu avant sa mort, il fait paraître le journal *Ni Dieu ni maître*, dont le titre allait devenir l'étendard du mouvement anarchiste.

NIELS BOHR (1885-1962). L'autre géant de la physique du XXe siècle et successeur direct d'Einstein dans la liste des lauréats du prix Nobel (1922). Sa première contribution majeure concerne le modèle de l'atome. La théorie dominante était alors celle du Néo-Zélandais Ernest Rutherford, qui le comparait à un système planétaire (avec des électrons orbitant autour du noyau, comme les planètes autour d'une étoile). Mais le jeune Danois, qui avait été son élève, démontre en 1913 que les raies spectrales trouvent une explication simple si l'on introduit la constante de Planck et les quanta d'énergie au cœur du modèle atomique, comme Einstein l'a fait en 1905 pour la lumière. Dans les années 1920, Bohr devient le père spirituel de la jeune génération de physiciens qui vont édifier pierre après pierre, tout au long de cette décennie, la mécanique quantique. Il unifie leurs résultats et en fournit une première interprétation cohérente, appelée interprétation de Copenhague en référence à la ville où il avait fondé son Institut de physique théorique. À partir du cinquième congrès Solvay de 1927, un long débat l'oppose à Einstein, qui ne croyait pas au caractère non déterministe, probabiliste, de la mécanique quantique. C'est à lui que le père de la relativité lancera son fameux « Dieu ne joue pas aux dés ! », à quoi Bohr rétorquera : « Qui êtes-vous, Einstein, pour dire à Dieu ce qu'il doit faire ? » Ce qui n'empêchait les deux hommes de se tenir réciproquement en très haute estime. S'échappant en 1943 du Danemark occupé, Bohr sera exfiltré en Angleterre à bord d'un chasseur-bombardier Mosquito avant de gagner les États-Unis et le laboratoire de Los Alamos où il travaillera au projet Manhattan.

JORGE LUIS BORGES (1899-1986). Écrivain argentin de prose et de poésie, passé maître dans l'art de mettre en scène les abstractions de la métaphysique dans des nouvelles dont la densité n'a rien à envier à celle des étoiles à neutrons. Obsédé par les miroirs et les labyrinthes, il s'enfonce peu à peu, comme Homère et Milton avant lui, dans la nuit de la cécité. Umberto Ecco lui rendra hommage en 1980 dans son immortel « polar » médiéval *Le Nom de la rose* à travers le personnage du vénérable Jorge de Burgos, ce vieil aveugle aussi érudit qu'inquiétant, maître de la plus labyrinthique des bibliothèques...

MAX BORN (1882-1970). Physicien allemand, émigré en Grande-Bretagne après l'avènement de Hitler, prix Nobel 1954. Après avoir travaillé avec Planck et Einstein à Berlin pendant la Première Guerre mondiale, il devient l'un des pionniers de la mécanique quantique. C'est notamment lui qui, le premier, donne à la fonction d'onde décrite par l'équation de Schrödinger et correspondant à l'état quantique d'un système son sens probabiliste, au cœur de l'interprétation de Copenhague.

LOUIS DE BROGLIE (1892-1987). Physicien français, couronné par le prix Nobel en 1929 – à seulement 37 ans ! – pour sa découverte de la nature ondulatoire des électrons. Prince (puis duc) de Broglie, ce lointain descendant de Necker et de Mme de Staël officie comme radiotélégraphiste à l'émetteur radio de la tour Eiffel durant la Première Guerre mondiale avant d'être initié à la physique par son frère aîné. Élu à l'Académie française en 1944, deux mois après la Libération de Paris, il laisse à la postérité, outre ses apports comme théoricien, quantité d'écrits sur la physique, dont plusieurs ouvrages de haute vulgarisation.

GIORDANO BRUNO (1548-1600). Frère dominicain et philosophe – sa fin tragique le 17 février 1600, sur un bûcher du Campo de' Fiori de Rome, montre que ces deux qualités n'ont pas toujours été compatibles. Le grand Giordano s'était un peu trop pénétré des thèses du Polonais Copernic pour ne pas être en butte à la Curie romaine. Il restera dans la mémoire des hommes comme le premier à avoir imaginé un univers infini, dénué de bords comme de centre, peuplé d'une myriade de mondes semblables au nôtre. Supplicié pour avoir été un trop grand et trop profond rêveur.

GEORG CANTOR (1845-1918). Mathématicien allemand et créateur de la théorie des ensembles, nouvelle branche des mathématiques née des fulgurations de cet esprit aussi génial que fragile. Élevé dans la foi luthérienne, violoniste remarquable (un point commun avec Einstein), il est étudiant à l'École polytechnique fédérale de Zurich (autre point commun) puis à l'Université de Berlin, où il suit notamment les cours de ce Leopold Kronecker qui allait devenir, par la suite, son ennemi le plus acharné. Kronecker était un « finitiste », c'est-à-dire qu'il pensait que ne devaient être manipulés que les objets mathématiques finis ; toutes les théories qui s'aventuraient au-delà, pour lui, étaient bâties sur du sable. Et c'est bien ce qu'il reprochait aux travaux sur l'infini de son ancien élève – qui, il est vrai, l'avait de beaucoup dépassé. Cette divergence de vue entre les deux hommes aurait pu s'en tenir là, mais elle vira à l'aigre. L'hostilité de Kronecker n'a pas peu pesé dans la relative médiocrité de la carrière académique de Cantor, cantonné dans la petite Université de Halle. Ni dans la lente dérive de cet esprit éminemment fécond vers le mysticisme et la dépression. Quand on sait la pauvreté dans laquelle Cantor a fini ses jours, ses enfermements à répétition dans des maisons de repos ou des sanatoriums, et qu'on a vu *Amadeus* de Miloš Forman, on ne peut s'empêcher de penser que le petit Kronecker aura été le Salieri de ce Mozart des mathématiques et virtuose de l'infini. Mais, à la génération suivante, un autre très grand mathématicien allemand, David Hilbert, saura rendre justice à son génial aîné. Il éprouvait tant de joie à s'élever par la pensée jusqu'aux plus hautes sphères de la théorie des ensembles qu'il déclarera un jour : « Nul ne doit nous exclure du Paradis que Cantor a créé. »

LEWIS CARROLL (1832-1898). Écrivain anglais, créateur du Pays des Merveilles, du Chapelier fou, du chat du Cheshire, du « snark » et du « jabberwocky » (entre autres). Né Charles Dodgson, gaucher et bègue, il s'illustre d'abord dans les mathématiques et la logique qu'il enseigne au Christ Church College d'Oxford avant de décider que les contrées de l'illogisme pur sont plus amusantes et d'y emmener Alice. Ordonné diacre de l'Église anglicane, fasciné par les petites filles dont il fait de troublantes photographies (il arrêta par la suite, pour que sa réputation de diacre n'en souffrît point), le révérend Dodgson en revient au soir de sa vie à ses premières amours, la logique mathématique, mais en la malmenant à la manière du Chapelier fou : en témoigne son court dialogue de 1894, inspiré des célèbres paradoxes de Zénon d'Élée, *Ce que la tortue dit à Achille*.

DAVID CHAMPERNOWNE (1912-2000). Mathématicien, statisticien et économiste anglais. C'est en 1933, alors qu'il n'a pas encore fini ses études à Cambridge, qu'il publie ses travaux sur la constante qui porte aujourd'hui son nom, un « nombre univers » simple à construire puisqu'il suffit d'égrener, après la virgule qui suit le zéro, la suite croissante des entiers naturels (0,123456...). A développé quinze ans plus tard, avec son ami Alan Turing, l'un des premiers programmes informatiques d'échecs.

PAUL COHEN (1934-2007). Mathématicien américain, principalement connu pour avoir démontré en 1963 que l'hypothèse du continu formulée au siècle précédent par Cantor ne pouvait être ni prouvée ni invalidée à partir des axiomes de la théorie des ensembles. Ce qui en faisait une de ces propositions indécidables dont le logicien Kurt Gödel avait découvert l'existence au seuil des années 1930.

PAUL DIRAC (1902-1984). Physicien anglais, prix Nobel 1933 (avec Schrödinger). L'un des pères de la mécanique quantique, et le découvreur de l'antimatière. Personnage aussi génial qu'étrange, on l'eût dit constitué d'antimatière lui-même, du moins d'une autre étoffe que celle dont vous et moi sommes faits. Les anecdotes à son propos sont légion. Il était tellement laconique, tellement taciturne, que ses collègues et amis avaient, par plaisanterie, inventé une nouvelle unité mesurant le débit de parole, le « dirac », valant un mot par heure. On imagine l'embarras de ce journaliste du Wisconsin qui l'interviewe en 1931 : « Pouvez-vous me donner des nouvelles de vos recherches ? – Non. – Qu'est-ce que vous aimez le plus en Amérique ? – Les pommes de terre. – Allez-vous au cinéma ? – Oui. – Quand ? – En 1920. » Autre anecdote : un jour que Pauli et lui se trouvent dans un train qui traverse une prairie, et que Pauli se gratte désespérément la tête pour trouver un sujet de conversation qui romprait enfin l'assourdissant silence de son compagnon de voyage, il lui lance, en l'invitant à regarder à travers la vitre : « Regardez, Dirac, on dirait que ces moutons ont été fraîchement tondus. » Ce à quoi Dirac, dont le laconisme n'avait d'égal que la précision, répond : « Oui, au moins de ce côté-ci. » Cette précision et ce laconisme étaient ce qu'il aimait tant dans les équations : « Toute loi physique doit être empreinte de beauté mathématique », déclara-t-il un jour que son débit de parole s'éleva exceptionnellement à neuf diracs.

ARTHUR EDDINGTON (1882-1944). Astronome et physicien anglais. À la mort de George Darwin (le fils de Charles) en 1912, il le remplace à la chaire de professeur d'astronomie expérimentale de Cambridge. N'étant pas aveuglé par les mêmes œillères que tant de ses contemporains (les préjugés nationalistes n'avaient que peu de prise sur lui), le quaker anglais Eddington saisit tout de suite l'importance capitale des travaux et des théories du juif allemand Einstein. Son expédition mémorable à l'île de Principe, au large de la Guinée, au printemps 1919, et les photographies de l'éclipse qu'il en rapporte constituent la première preuve expérimentale de la courbure des rayons lumineux issus des étoiles au voisinage des corps de grande masse, et donc de la théorie de la relativité générale. Théorie qu'il s'efforcera ensuite de diffuser et de porter à la connaissance du public à travers ses nombreux livres, parmi lesquels

L'Espace, le Temps et la Gravitation (1920) et *Théorie mathématique de la relativité* (1923). Ce qui ne l'empêchait pas d'être conscient de la difficulté de la tâche, comme en témoigne cette anecdote célèbre : à un physicien qui lui disait qu'il n'y avait que trois scientifiques au monde pour comprendre la théorie de la relativité, Eddington étant l'un des trois, ce dernier, après un silence, répondit : « Je me demande bien qui peut être le troisième... »

Paul Ehrenfest (1880-1933). Physicien autrichien et témoin passionné de la controverse entre Einstein et Bohr. Sa ressemblance avec Francis Blanche – même bouille ronde, mêmes lunettes, même moustache – cache un personnage tragique. En 1933, il tue son fils Wassik, qui était mongolien, pour lui éviter de tomber dans les mains des eugénistes nazis, avant de retourner l'arme contre lui.

Maurits Cornelis Escher (1898-1972). Artiste néerlandais, l'un des rares à avoir su, dans ses gravures et ses lithographies, opérer la jonction entre les mathématiques et l'art. Sa découverte, au début des années 1920, des motifs géométriques s'entrelaçant sur les murs de l'Alhambra le marque au fer rouge : explorant *ad nauseam* le procédé, il deviendra à son tour un maître ès pavages, un magicien de la symétrie. Un autre de ses champs d'exploration est la perspective, avec laquelle il joue en multipliant les points de fuite ou en y introduisant de très einsteiniennes distorsions spatiales (l'une de ses œuvres s'intitule d'ailleurs *Relativité*) : on pourrait presque dire qu'Escher a été à Brunelleschi, à Masaccio et aux autres premiers maîtres italiens de la perspective ce que Lobatchevski et Riemann ont été à Euclide. Constructions impossibles, espaces paradoxaux, rubans de Möbius, triangles de Penrose, fractales : rien de ce qui relevait de près ou de loin des mathématiques ne lui était étranger. Ses visions hallucinées s'enracinaient dans les théorèmes. Il en résulte une œuvre étrange, inclassable, reconnaissable au premier coup d'œil. Et cependant, « tout cela n'est rien comparé à ce que je vois dans ma tête », dira-t-il un jour...

Hugh Everett (1930-1982). Physicien et mathématicien américain. À 12 ans, il écrit une lettre à Einstein, lui demandant quelle force faisait se tenir l'univers (les garçons de 12 ans sont plus enclins qu'on ne le croit à se poser ce genre de questions). Le père de la relativité lui envoie la réponse suivante, datée du 11 juin 1943 : « Cher Hugh, il n'existe ni force irrésistible ni corps indéplaçable. Mais il semblerait qu'il existe un garçon têtu qui a victorieusement forcé sa voie à travers des difficultés étranges créées par lui pour cela. Amicalement, A. Einstein. » C'est dire si le destin du jeune Everett était tracé. Une dizaine d'années plus tard, étudiant en mathématiques à Princeton, il assiste passionné à une conférence dans laquelle le même Einstein exprime son scepticisme quant à la « solution » proposée par Niels Bohr et ses disciples de l'école de Copenhague au paradoxe du chat de Schrödinger. C'est à la suite de cette conférence, au cours d'une discussion copieusement arrosée de sherry avec quelques amis étudiants, qu'Everett, tout à coup, entrevoit une autre solution possible au problème. Il s'en ouvre au grand physicien théoricien John Wheeler, qui s'intéressait beaucoup au sens de la mécanique quantique, et lui demande de superviser sa thèse de doctorat. Soutenue en 1957, celle-ci contient ce qu'on a appelé, depuis, la théorie du « multivers d'Everett ». Bohr l'ayant balayée d'un revers de la main, elle tomba dans l'oubli jusque dans les années 1970, quand un autre physicien théoricien, Bryce DeWitt, la remit sous le feu des projecteurs. Entre-temps, Hugh Everett avait abandonné ses travaux en mécanique quantique pour mettre son talent mathématique au service de l'arme nucléaire et sombrer dans l'alcool. Mais, s'il a dit vrai en 1957, il existe une infinité d'univers parallèles dans lesquels il a connu une fin de vie moins triste...

Richard Feynman (1918-1988). Physicien américain, prix Nobel 1965. On l'appelait – on l'appelle encore – « *The Great Explainer* » (« Le Grand Pédagogue »), tant ses célèbres conférences, concoctées avec le plus grand soin quand il était professeur à Caltech, sont un modèle de clarté et de profondeur. C'est pourtant ce même Feynman qui aurait déclaré : « Si vous croyez comprendre la mécanique quantique, c'est que vous ne la comprenez pas. » Il faut dire qu'il n'aura pas peu contribué à faire de cette théorie l'une des plus échevelées jamais conçues par l'esprit humain avec sa notion d'« intégrale de chemin », développée dans les années 1940 dans la foulée de sa thèse à Princeton sous la direction de John Wheeler. Il est encore thésard quand il est recruté par les chefs du projet Manhattan à Los Alamos, où son caractère potache couplé à son intuition aiguë le conduit à deviner (pour s'amuser) les combinaisons des coffres-forts dans lesquels sont enfermés les secrets de fabrication de la bombe, ainsi qu'il le racontera lui-même plus tard dans son récit autobiographique *Vous voulez rire, monsieur Feynman !* Vers la fin de sa vie, alors qu'il souffre d'un cancer de l'estomac, il prend une part active à la commission d'enquête chargée de faire la lumière sur les causes de l'explosion de la navette spatiale *Challenger*, le 28 janvier 1986.

Galilée (1564-1642). De son vrai nom Galileo Galilei. « Notre père qui êtes aux cieux », pourraient dire tous les physiciens depuis le XVIIe siècle. Le Pisan, qui fut aussi mathématicien, géomètre, astronome et écrivain de grand style – Italo Calvino voyait en lui le plus grand écrivain italien –, est en effet considéré comme le fondateur de la physique moderne, qui a mis à bas celle héritée d'Aristote. Tout commence quand, avant sa vingtième année, il s'étonne de la régularité des oscillations des lustres de la cathédrale de Pise (mais pourquoi diable ces lustres oscillaient-ils ?), qu'il chronométrait à l'aide de son pouls. Ainsi naîtra la mécanique, cette branche de la physique visant à décrire les mouvements des corps. 1604 est son *annus mirabilis*, comme 1666 sera celle de Newton et 1905 celle d'Einstein : il formule la loi sur la chute des corps et observe une nova dont l'apparition dans le ciel chamboule la vieille opposition aristotélicienne entre un monde sublunaire changeant et périssable et un monde supralunaire immuable. Partisan convaincu (quoique prudent :

Giordano Bruno a grillé sur le bûcher il n'y a pas si longtemps…) du géocentrisme de Copernic, Galilée perfectionne ensuite la longue-vue inventée par un Hollandais, la transforme en lunette astronomique, s'en sert pour observer les phases de la Lune, découvre à sa surface un relief tourmenté, mais aussi les taches solaires, les satellites de Jupiter, l'anneau de Saturne… Bref, il opère un grand et profond remue-ménage dans les connaissances de l'époque. Tout cela n'est pas du goût de l'Inquisition, qui le condamne à abjurer tout ce en quoi il croit. Reclus chez lui, le « prisonnier d'Arcetri » finira ses jours complètement aveugle. Une façon pour Dieu de le punir d'en avoir tant vu ?

KURT GÖDEL (1906-1978). Logicien et mathématicien autrichien, naturalisé américain. Une drôle d'histoire que cette naturalisation, d'ailleurs. Nous sommes en 1947. Alors que, flanqué de ses témoins Albert Einstein et Oskar Morgenstern (un mathématicien qui a cofondé la théorie des jeux avec John von Neumann), Gödel est dans le bureau du juge, voici que celui-ci se félicite devant lui que les États-Unis ne puissent jamais sombrer dans la dictature comme cela a été le cas de l'Autriche. Gödel lui rétorque qu'il n'en est rien et qu'il peut le prouver… C'est que, pour se préparer à son entretien, il avait étudié avec minutie la Constitution américaine et y avait décelé une faille logique qui permettrait d'instaurer, en toute légalité, un régime dictatorial au pays de Thomas Jefferson… Einstein et Morgenstern, connaissant l'oiseau, lui avaient pourtant conseillé de tenir sa langue. Heureusement pour Gödel, le juge avait confiance en Einstein qui répondit de ce drôle de postulant. C'est à l'Institut d'études avancées de Princeton, où Gödel avait trouvé refuge avec sa femme Adele au lendemain de l'Anschluss, que le père de la relativité s'est lié d'une profonde amitié avec celui du théorème d'incomplétude, théorème que l'on a pu présenter comme le résultat mathématique le plus important jamais établi. Et ce résultat, véritable coup de tonnerre dans le ciel non seulement des mathématiques mais aussi de l'épistémologie et de la philosophie, a été l'œuvre d'un homme qui a dû séjourner en sanatorium pour raisons psychiatriques, croyait en l'existence des anges et des démons, était convaincu de faire l'objet d'un complot visant à l'empoisonner et, par peur de toucher à la nourriture qu'on lui servait à l'hôpital, s'y laissa mourir de dénutrition. Un des personnages les plus fascinants du XXe siècle.

MARCEL GROSSMANN (1878-1936). Mathématicien hongrois, issu d'une famille de vieille souche suisse. Condisciple et ami d'Einstein à l'École polytechnique fédérale de Zurich, spécialiste des géométries non euclidiennes et du calcul tensoriel, il aida le physicien à formaliser mathématiquement sa théorie de la relativité générale.

WERNER HEISENBERG (1901-1976). Physicien allemand, prix Nobel 1932. À l'âge de 23 ans, alors qu'il est devenu l'assistant de Max Born à l'Université de Göttingen, une allergie aux pollens l'oblige à s'exiler sur l'île de Heligoland, dans la mer du Nord : c'est là, sur ce plateau rocheux perdu au milieu des flots et battu par les vents, que Heisenberg accouche d'une première formalisation de la mécanique quantique, sous forme de matrices : cette « mécanique matricielle » s'oppose alors à la « mécanique ondulatoire » développée au même moment par Schrödinger, mais celui-ci établira bientôt l'équivalence mathématique des deux formulations : la mécanique quantique était née, et d'emblée placée sous le signe de la dualité. Le principe d'incertitude, formulé en 1927 par Heisenberg, constitue en quelque sorte son certificat de baptême – en même temps que le certificat de décès du déterminisme qui avait été l'essence de la mécanique classique antérieure. Ayant, comme Max Planck, choisi de rester en Allemagne malgré la nazification du pays, Heisenberg, tout nobélisé qu'il soit, ne manquera pas d'être inquiété par la SS pour sa répugnance à condamner la « physique juive » d'Einstein et de Bohr – il faudra l'intervention de sa mère, qui était une bonne amie de celle de Heinrich Himmler, pour que cessent les attaques contre lui. La suite, cependant, devait le montrer se compromettant toujours davantage avec ce détestable régime, au point de devenir l'un des pères du projet Uranium placé sous l'autorité de la Wehrmacht et destiné au développement de l'arme atomique – ce qui lui vaudra en 1945, après la chute de Hitler, d'être interné quelque temps, avec d'autres chercheurs allemands, à Farm Hall en Angleterre. À la toute fin des années 1960, Heisenberg tâchera de s'expliquer sur son attitude ambiguë de l'époque dans son autobiographie scientifique *La Partie et le Tout*, mais sans vraiment convaincre. Une application aux affaires humaines du principe d'incertitude ?

Héraclite d'Éphèse (vers 576-vers 480 av. J.-C.). Philosophe grec de l'éternel devenir où les contraires s'opposent et s'unissent tour à tour et dont le principe premier est le feu. Surnommé « l'Obscur » en raison du caractère parfois énigmatique de sa pensée, qui nous a été transmise de façon fragmentaire par ses compilateurs et commentateurs, il nous a pourtant laissé quelques aphorismes particulièrement lumineux, dont l'immortel « On ne se baigne jamais deux fois dans le même fleuve » que Jacques Perry-Salkow, grand trouveur d'anagrammes devant l'Éternel, a magnifiquement retraduit en « La vague sans fin modifiée emmène nos jeux de sable ».

David Hilbert (1862-1943). Mathématicien allemand, l'un des plus grands de l'histoire et peut-être le dernier « mathématicien universel » avec son contemporain français Henri Poincaré. Né à Königsberg en Prusse (aujourd'hui Kaliningrad en Russie), la ville dont les sept ponts avaient donné du grain à moudre au siècle précédent à Leonhard Euler, Hilbert passe la majeure partie de sa vie à l'Université de Göttingen, dont il fait le temple mondial de sa discipline. Il y aura été entouré de quelques-uns des plus brillants mathématiciens de l'époque, parmi lesquels Hermann Weyl, qui lui succédera à la chaire de mathématique après son départ à la retraite en 1930, ou encore la trop méconnue Emmy Noether, qu'Einstein décrira comme « le génie mathématique créatif le plus considérable produit depuis que les femmes ont eu accès aux études supérieures ». Mais tous deux – et beaucoup d'autres – durent quitter l'Allemagne pour les États-Unis après l'arrivée de Hitler à la chancellerie. Un jour qu'il assiste à un banquet aux côtés du ministre nazi de la Science et de l'Éducation, Hilbert s'entend demander par ce dernier : « Comment se trouvent les mathématiques à Göttingen maintenant qu'elles ont été débarrassées de l'influence juive ? – Des mathématiques à Göttingen ? Il n'y en a plus guère... », lui répond-il avec amertume. Mais l'homme avait aussi sa part d'ombre, comme en témoigne son attitude pour le moins étrange vis-à-vis de son fils unique Franz, diagnostiqué schizophrène à l'âge de 15 ans : jamais son père n'alla le voir à l'hôpital où il avait été interné – Einstein fera preuve du même détachement à l'égard de son second fils Eduard, lui aussi schizophrène. La tombe de Hilbert au cimetière de Göttingen porte en guise d'épitaphe les mots pleins d'espoir qu'il avait lancés sur les ondes de la radio en 1930 – un an avant que Gödel n'énonce son théorème d'incomplétude : « *Wir müssen wissen, wir weren wissen* » [« nous devons savoir, nous saurons »].

Paul Langevin (1872-1946). Physicien français qui eut une brève liaison extra-conjugale avec l'austère Marie Curie, amourette entre savants dont les quotidiens de l'époque firent leurs choux gras au point de provoquer plusieurs duels à l'épée entre partisans et opposants des amants (autres temps, autres mœurs...). Mais sa contribution à l'histoire de la physique ne s'arrête pas là. Outre ses propres travaux, on lui doit d'avoir été le premier à vulgariser, au travers notamment du paradoxe des jumeaux, la théorie de la relativité restreinte, dont il avait pris connaissance dès 1906. Ardent prosélyte des travaux d'Einstein, c'est lui qui invite ce dernier en France en 1922, en dépit de l'opposition des nationalistes antiallemands. Il est aussi à l'origine des fameux congrès Solvay qui réuniront, à partir de 1911, la crème des physiciens de l'époque et feront jaillir nombre d'idées nouvelles. Militant et humaniste, il deviendra président de la Ligue des droits de l'homme et compagnon de route du Parti communiste français.

Gottfried Wilhelm Leibniz (1646-1716). Le polymathe par excellence, tout à la fois philosophe, homme de science, mathématicien, logicien, diplomate (il a été dépêché auprès de Louis XIV pour le décider à faire la conquête de l'Égypte), juriste, bibliothécaire et philologue allemand, langue dans laquelle il écrivait aussi bien qu'en latin ou en français ! S'étant penché sur les travaux mathématiques de Pascal, il invente lui-même une machine à calculer. Il fait aussi et surtout, en même temps que Newton auquel l'opposera une féroce rivalité, la découverte du calcul infinitésimal. Sur la fin de sa vie, son grand projet sera la construction de toutes pièces d'un langage de nature purement formelle, grâce auquel il ambitionnait de réduire les raisonnements logiques à des opérations de calcul, un chantier gigantesque qu'il laisse inachevé à sa mort mais qui fera de lui un précurseur de la logique symbolique développée aux XIXe et XXe siècles. L'auteur des *Nouveaux Essais sur l'entendement humain*, de la *Théodicée* et de la *Monadologie* pensait que ce nouveau langage, qu'il appelait la « caractéristique universelle », permettrait aux hommes de prendre des décisions parfaitement rationnelles et d'éliminer toutes dissensions entre eux. Sur ce point, le théoricien du « meilleur des mondes possibles » péchait peut-être un peu par optimisme...

HENDRIK LORENTZ (1853-1928). Physicien néerlandais, prix Nobel 1902. Il a été, avec son contemporain le mathématicien français Henri Poincaré, l'un des deux précurseurs de la théorie de la relativité restreinte de 1905. Une théorie dont, et Lorentz à Leyde, et Poincaré à Paris se sont puissamment approchés, mais au seuil de laquelle ils se sont tous deux arrêtés – laissant à un jeune ingénieur du Bureau des brevets de Berne le privilège de la découvrir. Ce seuil, ce bord auquel étaient parvenus les deux hommes, ce sont les « transformations de Lorentz-Poincaré » (le plus souvent appelées transformations de Lorentz, ce qui est un peu injuste pour le grand Henri), un système de quatre équations à la base de la relativité restreinte. Avant elles, la physique ne connaissait que les transformations de Galilée, qui permettaient déjà de dire comment se transforment – d'où leur nom – les quatre coordonnées spatio-temporelles (trois d'espace et une de temps) d'un corps lorsque l'on passe d'un premier référentiel à un second en translation rectiligne uniforme par rapport à lui. Dans la seconde moitié du XIXe siècle, la théorie de l'électromagnétisme de Maxwell est venue faire brèche aux transformations de Galilée. Il fallait donc, pour dépasser cet antagonisme, reformuler celles-ci, en y introduisant la vitesse de la lumière ; et c'est précisément ce que Lorentz et Poincaré ont réalisé. Mais ni l'un ni l'autre n'ont su donner leur véritable sens physique à cette batterie d'équations. Cela, c'est Einstein, et lui seul, qui l'a fait. Ce qui n'a pas empêché Lorentz de se montrer, par la suite, particulièrement beau joueur envers son jeune admirateur allemand. Quand, en 1919, il a vent des premiers résultats d'Eddington au sujet de l'éclipse censée vérifier une des prédictions de la relativité générale, c'est lui, Lorentz, qui, le 22 septembre, envoie à Einstein ce télégramme plein d'espoir : « Eddington trouvé déflexion étoiles autour Soleil. Mesures préliminaires entre 0,9 et le double. » Sans doute le télégramme le plus important de l'histoire de la physique.

JAMES CLERK MAXWELL (1831-1879). Physicien écossais, père de la théorie électromagnétique de la lumière. À chacun son panthéon : celui d'Einstein se résumait à deux héros de la pensée, deux aigles de la physique dont les portraits peints ornaient les murs de son bureau ; l'un était Isaac Newton, l'autre James Clerk Maxwell – qui mourut l'année de la naissance d'Einstein, comme si s'était opéré de l'un à l'autre quelque mystérieux passage de flambeau. Il n'y avait en effet, dans l'esprit du théoricien de la relativité, que le découvreur des lois de la lumière pour mériter d'être placé sur un pied d'égalité avec celui de la loi de la gravitation, que cet Écossais-ci pour soutenir la comparaison avec cet Anglais-là. Outre l'égale admiration que leur vouait Einstein, l'autre trait d'union entre Newton et Maxwell est le Trinity College de Cambridge que, près de deux siècles après Newton, Maxwell intègre à son tour, en 1850, après avoir un peu végété à l'Université d'Édimbourg. Retour dans sa chère Écosse en 1856, quand Maxwell, désormais mathématicien accompli, décroche une chaire de philosophie naturelle à Aberdeen. Il s'y plonge dans une énigme qui désespérait les astronomes depuis deux siècles, et que le St John's College de Cambridge avait choisie comme thème de son prix Adams pour l'année 1857 : celle de la nature des anneaux de Saturne. Le jeune professeur comprend – et démontre – que la seule façon d'expliquer que ces anneaux soient stables est de supposer qu'ils sont constitués d'un agrégat de minuscules fragments, chacun orbitant indépendamment des autres autour de la planète. Une éclatante illustration de ses dons (« c'est une des plus remarquables applications des mathématiques à la physique que j'aie jamais vue », dira l'un de ses aînés) qui lui vaudra d'empocher les 130 livres sterling du prix, mais dont la confirmation ne viendra que plus d'un siècle plus tard, avec les images des sondes *Voyager*. Cependant, c'est bien à l'électricité que Maxwell, dans la foulée des travaux du Français André-Marie Ampère et de l'Anglais Michael Faraday, consacre l'essentiel de ses recherches. Nous sommes en 1864 lorsqu'il expose sa théorie unifiant électricité et magnétisme, deux phénomènes jusqu'ici considérés comme distincts, et fait connaître aux membres de la Royal Society les quatre équations qui allaient changer la face de la physique. Cette même année 1864, Marx et Engels fondent à Londres la Première Internationale Socialiste, et Abraham Lincoln est réélu à la tête d'une Amérique toujours déchirée par la guerre de Sécession, mais, en comparaison de la percée théorique de Maxwell, tout cela n'est rien aux yeux d'un homme comme le physicien et prix Nobel américain Richard Feynman, pour qui « il ne fait aucun doute que, dans dix mille ans, la postérité jugera la découverte des lois de l'électrodynamique par Maxwell comme l'événement le plus important du XIXe siècle ». Rendez-vous dans dix mille ans.

ISAAC NEWTON (1642-1727). « *Nature and nature's Laws lay hid in night. God said "Let Newton be" and all was Light* * », a écrit le poète anglais Alexander Pope. Selon le calendrier julien qui était encore en vigueur dans l'Angleterre des Stuart, ce *fiat lux* de la physique s'est produit dans la nuit de Noël de l'année 1642 (mais le 4 janvier de l'année suivante d'après le calendrier grégorien) dans une ferme du Lincolnshire, le manoir de Woolsthorpe aujourd'hui visité par de nombreux touristes pour son pommier apocryphe (le véritable pommier dont tomba la pomme qui aurait soufflé à Newton l'idée de la loi de la gravitation a été abattu par une tempête au début du XIXe siècle). Le jeune Isaac était promis à devenir fermier comme son père, mort avant sa naissance. Mais sa

---

* La Nature et ses Lois se cachaient dans la nuit. Dieu dit : que Newton soit ! et tout fut Lumière.

mère, jugeant avec raison que son rejeton était au moins aussi doué pour les mathématiques que pour l'élevage du bétail, elle lui permet de poursuivre ses études. Celles-ci le conduisent au Trinity College de Cambridge, où Newton découvre tout ce qui va le consumer de passion jusqu'à son dernier souffle : les *Éléments* d'Euclide, la trigonométrie, l'astronomie, mais aussi la théologie et l'alchimie. Profondément croyant, quoique à la limite de l'hérésie (il semble avoir nourri quelques doutes quant au dogme de la Sainte Trinité et a refusé l'extrême-onction sur son lit de mort), Newton aura passé, tout au long de sa vie, plus de temps à lire et à commenter la Bible qu'à faire de la science, et davantage écrit sur celle-là que sur celle-ci. Pour ce qui est de l'alchimie, il l'étudiera en secret sous le pseudonyme de *Ieoua Sanctus Unus*, qui signifie « Yaveh seul saint » mais est aussi l'anagramme d'*Isaac Neuutonus*, au point de se constituer l'une des plus vastes bibliothèques alchimiques de son époque, tous ouvrages annotés de sa main. Ayant acquis en 1936, lors d'une vente aux enchères, la malle renfermant tous les écrits non scientifiques (religieux et alchimiques) de Newton, l'économiste John Maynard Keynes, après les avoir le premier compulsés, écrira dans *Newton, the Man* : « Newton n'est pas le premier de l'âge de la Raison. Il est le dernier des Babyloniens et des Sumériens, le dernier grand esprit qui a contemplé le monde visible et intellectuel avec les mêmes yeux que ceux qui ont commencé à construire notre héritage intellectuel il y a quelque dix mille ans. » C'est dans la seconde moitié des années 1660, alors que la peste qui s'est abattue sur Cambridge l'a obligé à fuir cette ville pour se réfugier dans son Lincolnshire natal, que Newton entame sa prodigieuse odyssée de découvreur des lois de la nature : les trois lois universelles du mouvement et celle de la gravitation, qu'il exposera une vingtaine d'années plus tard dans ce qui est sans doute l'ouvrage le plus important de l'histoire de la physique, les *Philosophiæ naturalis principia mathematica* (1687), mais aussi les lois de l'optique (il découvre qu'un prisme décompose la lumière blanche en un spectre multicolore) décrites dans son traité *Opticks* de 1704, ou encore la formulation, concomitamment à Leibniz, des principes fondateurs du calcul infinitésimal. Personnalité secrète et tourmentée, Newton s'est aussi beaucoup intéressé à la question de la contrefaçon monétaire en sa qualité de maître de la monnaie à la Royal Mint, où il est nommé par le Chancelier de l'Échiquier Charles Montagu au milieu des années 1690, une dizaine d'années avant de se voir offrir la présidence de la Royal Society. Plusieurs faux-monnayeurs lui doivent d'avoir été pendus et écartelés. Pas sûr qu'ils auraient souscrit aux vers enthousiastes de Pope !

ROBERT OPPENHEIMER (1904-1967). Physicien américain. Né dans l'aristocratie intellectuelle du New York début-de-siècle, extrêmement brillant, dépressif, Julius Robert Oppenheimer étudie la chimie à Harvard avant de traverser l'Atlantique pour découvrir la physique au laboratoire Cavendish de Cambridge que dirige Ernest Rutherford. Il s'y lie avec Paul Dirac, qu'il décrira comme

« le plus grand théoricien du XXe siècle après Albert Einstein », avant de partir compléter son doctorat à l'Université de Göttingen où Max Born, ayant perçu le potentiel intellectuel de l'Américain, l'invite à le rejoindre. Après un passage à l'École polytechnique fédérale de Zurich où il effectue des recherches en électrodynamique quantique sous la direction de l'Autrichien Wolfgang Pauli, Oppenheimer regagne les États-Unis pour y devenir enseignant à Berkeley. Le prestige que lui valent dès cette époque ses travaux théoriques en mécanique quantique – « Niels Bohr était Dieu et Oppie était son prophète », ira jusqu'à dire Steven Weinberg – fera de cette université l'un des principaux centres de recherche en physique pendant les années 1930. Mais Oppenheimer ne rencontre véritablement son destin qu'en février 1943, lorsque le général Leslie Groves le nomme directeur scientifique du projet Manhattan. Sous le soleil du Nouveau-Mexique, « Oppie » dirige avec une efficacité remarquable la petite armée de physiciens qui mettront au point les trois premières bombes atomiques de l'histoire, dont deux seront larguées sur Hiroshima et Nagasaki. Après la guerre, celui qui est devenu, pour la suite des temps, le « père de la bombe A » termine sa carrière comme directeur de l'Institut d'études avancées de Princeton, où avait trouvé refuge à peu près tout ce que la vieille Europe comptait d'esprits géniaux avant l'arrivée de Hitler au pouvoir, à commencer par Einstein et Gödel.

NICOLE ORESME (vers 1320-1382). Un de ces esprits universels dont le Moyen Âge avait le secret. Après avoir été le disciple de Jean Buridan et d'Albert de Saxe, il devient grand maître du collège de Navarre où sa réputation attire l'attention de la famille royale : Jean II le nomme précepteur de son fils le dauphin Charles, futur Charles V, qui en fera son conseiller et chapelain avant de lui donner l'évêché de Lisieux. Tout à la fois philosophe (il traduit et commente l'*Éthique* et la *Politique* d'Aristote), économiste (il écrit un traité sur la monnaie), astronome (il devance Copernic en envisageant la possibilité de la rotation de la Terre autour de son axe) et mathématicien (il préfigure le système de coordonnées cartésien et jette les premières bases d'une théorie des séries infinies), Nicole Oresme a brillé dans tous les domaines avant de voir son étoile pâlir au fil des siècles, au point d'être presque – et très injustement – oublié aujourd'hui.

MAX PLANCK (1858-1947). Physicien allemand, prix Nobel 1918. Après avoir hésité entre la science et la musique – il a composé quelques pièces de piano et il lui arrivera sur le tard d'accompagner son ami Einstein en concert –, Max, descendant d'une lignée de professeurs de théologie et de droit, opte finalement pour la première. Qui le lui rendra bien : son nom est désormais associé à l'une des constantes les plus fondamentales de l'univers, la constante de Planck, qui se décline en « longueur de Planck », « temps de Planck », « mur de Planck », « ère de Planck »... Bref, ce nom de Planck est devenu plus ou moins indissociable de tout ce qui touche au Big Bang et aux trous noirs.

Tout commence par le problème du rayonnement du corps noir, que Planck parvient – au prix justement de l'« invention » de ladite constante – à résoudre en 1900. Les quanta d'énergie viennent de faire leur entrée en scène et ils ne seront pas près de la quitter. Nobélisé, couvert d'honneurs, le physicien prend en 1930 la présidence de la société KWG (Kaiser Wilhelm Gesellschaft, en l'honneur du kaiser Guillaume) qui, rebaptisée au lendemain de la Seconde Guerre mondiale en Société Max-Planck, est aujourd'hui la plus grande institution de la recherche allemande, une sorte de CNRS d'outre-Rhin. Sommité très officielle de la science germanique des années 1920 et 1930, Max Planck a été accusé de s'être beaucoup compromis avec le régime nazi. C'est un peu injuste. D'abord, s'il n'a ni fui l'Allemagne en 1933 (comme l'a fait Einstein) ni quitté ses fonctions, cela a été en grande partie pour essayer de sauver du désastre ses collègues et amis scientifiques juifs. Ensuite, il a payé le prix cher au nazisme : dernier survivant de ses quatre enfants, son fils Erwin, devenu homme politique, a pris part au complot ayant abouti à l'attentat raté du 20 juillet 1944 contre le Führer et été pendu à Berlin, du vivant de son père.

MARCEL PROUST (1871-1922). Un critique de la NRF, Camille Vétard, a écrit : « Galois, qui fut un Rimbaud de l'algèbre, a dit que “chaque époque a en quelque sorte ses questions du moment : il y a des questions vivantes qui fixent à la fois les esprits les plus éclairés comme malgré eux. Il semble souvent que les mêmes idées apparaissent à plusieurs comme une révélation.” On ne peut s'empêcher de songer à cette loi de simultanéité, bien souvent constatée, des grandes découvertes par des êtres géniaux, lorsque l'on considère qu'au moment même où la philosophie, avec Bergson, et la science, avec Einstein, se préoccupaient si vivement de l'idée de Temps cette même préoccupation se faisait jour dans l'art avec Proust et sa *Recherche du temps perdu*. » À cette remarque je n'ajouterai que ceci : il est impensable que l'on puisse aimer Proust, s'être assimilé avec délectation tout ce qu'il a écrit au sujet du temps, de l'oubli et des réminiscences, avoir vibré à la lecture des célèbres pages sur la petite madeleine trempée dans du thé – et rester insensible aux théories d'Einstein. Que tous ceux qui ont fréquenté Swann aillent donc faire un tour « Du côté de chez Einstein ». Et que tous ceux qui se passionnent pour la théorie de la relativité lisent *Le Temps retrouvé*.

BERTRAND RUSSELL (1872-1970). Mathématicien, logicien et philosophe britannique, prix Nobel de littérature 1950. Filleul de John Stuart Mill et petit-fils de Premier ministre, le troisième comte Russell a pu être qualifié de « Voltaire anglais » tant ses centres d'intérêt étaient variés et ses champs d'intervention, multiples – de la dénonciation des crimes commis pendant la guerre du Vietnam avec le tribunal Russell-Sartre à la défense (et illustration) de l'adultère. Mais c'est sans doute dans le domaine de la logique mathématique que celui qui écrira dans son autobiographie que sa découverte d'Euclide avait été pour lui « aussi éblouissante que son premier amour » aura eu l'influence la plus profonde. Après avoir suivi les pas de Newton et de Maxwell au Trinity College de Cambridge, Russell se lance avec son ancien maître et ami, le mathématicien, logicien et philosophe Alfred North Whitehead, dans les *Principia mathematica*, visant à redonner un fondement solide aux mathématiques malmenées par la théorie des ensembles de Cantor, à reconstruire la totalité des théorèmes à partir d'un ensemble bien définis d'axiomes et de règles de déduction, exprimés dans un langage logique rigoureux. Tâche colossale – dix ans de travail, trois volumes, plus de deux mille pages – mais qui, on le sait à présent, ne pouvait aboutir : en 1931, le théorème d'incomplétude de Gödel viendra sonner le glas de l'espoir qui avait porté les auteurs des *Principia mathematica*. Mais les *Principia mathematica* n'en auront pas moins été un préalable nécessaire au théorème d'incomplétude, et l'on pourrait assurément faire dire à Gödel, à propos des travaux de Russell et de Whitehead, ce que Newton disait lui-même de ses devanciers : « Si j'ai pu voir aussi loin, c'est parce que j'étais juché sur les épaules de géants. »

Erwin Schrödinger (1887-1961). Physicien et philosophe autrichien, prix Nobel 1933 (avec Dirac). Spécialiste des superpositions quantiques et amoureuses – non seulement il a eu, quoique marié et heureux en ménage, d'innombrables maîtresses, mais il a même ouvertement vécu avec deux femmes : Anny qui était son épouse (et l'amante de Hermann Weyl) et Hilde qui était celle de son collaborateur et assistant Arthur March. Invité par un collègue britannique à quitter l'Allemagne de Hitler, il débarque en 1933 à Oxford entouré d'Anny et de Hilde, alors enceinte de ses œuvres, juste avant d'apprendre que ses travaux en mécanique quantique viennent d'être couronnés par le prix Nobel : heureux homme... Outre le beau sexe, les domaines d'intérêt de « l'homme au chat » dépassaient largement le cadre de la physique. En 1944, il fait paraître un célèbre petit ouvrage, *Qu'est-ce que la vie ?*, dont James Watson dira qu'il l'a mis sur la piste devant aboutir à la découverte de la structure en double hélice de l'ADN. Schrödinger se passionnait également pour la philosophie du Vedanta et l'hindouisme, et se demandait si nos consciences individuelles n'étaient pas les manifestations particulières d'une seule et même conscience cosmique, diffuse dans l'univers. À présent que la tuberculose dont il souffrait l'a envoyé dans le petit cimetière d'Alpbach, dans le Tyrol, il détient peut-être la réponse.

Baruch Spinoza (1632-1677). Philosophe néerlandais. Né dans la communauté juive portugaise d'Amsterdam, où nombre de marranes avaient trouvé refuge après avoir été chassés de la péninsule Ibérique par l'Inquisition, Baruch – qui ne tardera pas à latiniser son prénom en Benedictus – était destiné à devenir rabbin. Mais sa soif inextinguible de connaissances et surtout son sens critique étaient trop prononcés pour qu'il puisse se laisser à tout jamais enfermer dans l'étude de la Torah et du Talmud, et rester bien longtemps à l'écart des accusations d'hérésie : à l'été 1656, alors qu'il n'a que 23 ans et n'a encore rien publié, il est frappé d'un *herem* – tout à la fois excommunication, bannissement et anathème – qui l'oblige à s'exiler de sa petite communauté. S'installant non loin de l'Université de Leyde, il devient « philosophe-artisan » et gagne (chichement) sa vie en taillant et polissant des lentilles optiques pour lunettes ou microscopes. Ses écrits, *Les Principes de la philosophie de Descartes*, le *Traité théologico-politique*, ne sont pas moins bien taillés ni polis que ses lentilles, mais beaucoup plus sulfureux – au XVIIIe siècle, le philosophe allemand des Lumières Moses Mendelssohn (grand-père du compositeur du même nom) le traitera encore de « chien crevé ». De santé fragile, le « penseur maudit » meurt à seulement 44 ans à La Haye, dans la solitude et la pauvreté, avant que ne paraisse son *magnum opus*, l'*Éthique*. Hegel dira de lui : « Spinoza est un point crucial dans la philosophie moderne. L'alternative est : Spinoza ou pas de philosophie. » Son rationalisme sans concession, son identification de Dieu et de la nature (*« deus sive natura »*), sa conception de la liberté comme compréhension de la nécessité ne pouvaient que séduire Einstein, qui en fera son philosophe de chevet et se référera souvent à lui.

LEÓ SZILÁRD (1898-1964). Physicien hongro-américain. Obligé de quitter Budapest en raison du *numerus clausus* imposé aux étudiants juifs, il gagne Berlin où il rencontre Einstein et Planck avant d'obtenir son doctorat de physique à l'Université Humboldt. Réfugié à Londres en 1933, il y conçoit l'idée de la réaction nucléaire en chaîne et dépose un brevet sur le sujet avant que, tourmenté par la perspective de voir le régime hitlérien se doter le premier d'une bombe nucléaire, il n'aille trouver Einstein alors en villégiature à Long Island pour le convaincre de rédiger une lettre au président Roosevelt : ainsi naîtra le projet Manhattan, dans le cadre duquel Szilárd, avec son confrère italien Enrico Fermi, parviendra à créer en 1942 la première réaction en chaîne. Vite écarté de l'équipe du fait de ses désaccords avec le général américain Leslie Groves, en charge de la direction du projet, Szilárd tentera vainement de s'opposer aux bombardements d'Hiroshima et de Nagasaki, et deviendra par la suite un des opposants les plus actifs à l'utilisation et à la prolifération des armes atomiques.

HERMANN WEYL (1885-1955). Mathématicien et physicien allemand. Après son doctorat de mathématiques passé à l'Université de Göttingen sous la direction du grand David Hilbert, il prend la chaire de mathématiques à l'École polytechnique fédérale de Zurich où il a brièvement pour collègue Albert Einstein, qui travaille alors à sa future théorie de la relativité générale pour laquelle Weyl se passionnera et qu'il sera l'un des premiers à tenter d'unifier avec l'électromagnétisme. C'est aussi à Zurich qu'il rencontre Erwin et Anny Schrödinger, le premier devenant un ami proche et la seconde, sa maîtresse. Ayant quitté Zurich en 1930 afin de succéder à son ancien maître à la chaire de mathématiques de Göttingen, il fuit l'Allemagne trois ans plus tard, craignant pour sa femme Helene, dite « Hella », qui était juive. C'est elle, ancienne disciple d'Edmund Husserl, qui l'avait initié à la phénoménologie, une philosophie qui a eu sur lui une profonde influence. Réfugié avec elle à l'Institut d'études avancées de Princeton, il y retrouvera Einstein, dont c'était le tour de s'échiner à unifier relativité générale et électromagnétisme, et y restera jusqu'à sa retraite en 1951.

EUGENE WIGNER (1902-1995). Physicien et mathématicien hongro-américain, prix Nobel 1963. Après avoir travaillé aux côtés de David Hilbert et de Hermann Weyl à l'Université de Göttingen, il est recruté en 1930 par celle de Princeton, en même temps que John von Neumann. Neuf ans plus tard, il participe à la rencontre entre Szilárd et Einstein pour convaincre ce dernier d'alerter le président Roosevelt sur la nécessité de développer la bombe atomique, et participe au projet Manhattan. En 1960, il publie son article sur *La déraisonnable efficacité des mathématiques dans les sciences naturelles*, dans lequel il interroge avec beaucoup de profondeur philosophique le lien entre mathématiques et physique, équations et réel.

THOMAS YOUNG (1773-1829). Médecin, physicien et… égyptologue britannique. « Le phénomène Young », disait-on, tant son savoir était vaste (dès l'âge de 14 ans, il parlait, outre l'anglais, le français, l'italien, le latin, le grec, l'hébreu, le chaldéen, le syriaque, l'araméen samaritain, l'amharique, le turc, l'arabe et le persan – qui dit mieux ?). S'il s'adonna toute sa vie à l'art d'Esculape, c'est comme physicien qu'il est resté dans les mémoires, grâce notamment à son expérience dite des « fentes de Young » qui prouva la nature ondulatoire de la lumière, donnant raison à Huygens contre Newton. Après avoir – entre maints autres travaux – comparé la grammaire et le vocabulaire de quatre cents idiomes différents et introduit la notion de langues indo-européennes, il est le premier à percer le secret de certains des hiéroglyphes de la pierre de Rosette, avant notre Jean-François Champollion national. Chapeau l'artiste !

ZÉNON D'ÉLÉE (vers 490-vers 430 av. J.-C.). Philosophe grec. Principal disciple de Parménide (qui était aussi son amant, *dixit* Platon) et fondateur de la dialectique selon Aristote. « J'aime mieux être homme à paradoxes qu'homme à préjugés », écrivit Rousseau dans l'*Émile* : je ne sais si Zénon était homme à préjugés, mais il fut assurément celui des paradoxes ! Les siens sont légendaires : Achille qui ne pourra jamais rattraper la tortue partie avec un peu d'avance, la flèche qui fuse dans l'air et s'y tient cependant immobile (puisque, occupant à chaque instant un espace égal à elle-même, elle est à chaque instant au repos, de sorte que, si l'on décompose le mouvement en une suite d'instants, la flèche constamment au repos ne peut se mouvoir)… Encore au XXe siècle, ces énigmes en fascineront plus d'un et non des moindres, que ce soit Borges ou Paul Valéry :

« Zénon ! Cruel Zénon ! Zénon d'Élée
M'as-tu percé de cette flèche ailée
Qui vibre, vole, et qui ne vole pas !
Le son m'enfante et la flèche me tue !
Ah ! le soleil… Quelle ombre de tortue
Pour l'âme, Achille immobile à grands pas ! »

Références bibliographiques

1. Auguste Blanqui, *L'Éternité par les astres*, Germer, 1872.
2. Joseph Dauben, *Georg Cantor*, Princeton University Press, 1990.
3. Pierre Cassou-Noguès, *Les Démons de Gödel*, Seuil, 2012.
4. Jorge Luis Borges, *Discussions*, Gallimard, « Bibliothèque de la Pléiade », 2010.
5. *Ibid.*
6. Jorge Luis Borges, *Fictions*, Gallimard, « Bibliothèque de la Pléiade », 2010.
7. Albert Einstein, *Pensées intimes*, Le Rocher, 2000.
8. Charles Baudelaire, *Les Fleurs du mal*, Gallimard, « Bibliothèque de la Pléiade », 1975.
9. Cité par Françoise Balibar, *Einstein, la joie de la pensée*, Gallimard, 1993.
10. Albert Einstein, *La Relativité*, Petite Bibliothèque Payot, 1963.
11. Cité par Banesh Hoffmann, *Albert Einstein créateur et rebelle*, Seuil, 1975.
12. Vladimir Jankélévitch, *L'Irréversible et la Nostalgie*, Flammarion, 2011.
13. Cité par Thibault Damour, *Si Einstein m'était conté*, Cherche Midi, 2005.
14. Palle Yourgrau, *Einstein/Gödel*, Dunod, 2005.
15. Hermann Weyl, *Philosophy of Mathematics and Natural Science*, Princeton University Press, 1949.
16. Albert Einstein, *Pensées intimes, op. cit.*
17. *Ibid.*
18. *Ibid.*
19. Cité par Banesh Hoffmann, *Albert Einstein créateur et rebelle, op. cit.*
20. *Ibid.*
21. Victor Hugo, *William Shakespeare*, Flammarion, 2014.
22. Cité par Michel Biezunski, *Einstein à Paris*, Presses universitaires de Vincennes, 1995.
23. *Ibid.*
24. *Ibid.*
25. *Ibid.*
26. *Ibid.*

27. *Ibid.*
28. Séance du 6 avril 1922, téléchargeable sur le site de la Société française de philosophie (www.sofrphilo.fr).
29. *Ibid.*
30. *Ibid.*
31. Marcel Proust, *Du côté de chez Swann*, Gallimard, « Bibliothèque de la Pléiade », 1987.
32. Marcel Proust, *Le Côté de Guermantes*, Gallimard, « Bibliothèque de la Pléiade », 1988.
33. Cité par Thibault Damour, *Si Einstein m'était conté*, *op. cit.*
34. Marcel Proust, *Le Temps retrouvé*, Gallimard, « Bibliothèque de la Pléiade », 1989.
35. Henri Bergson, *Durée et simultanéité*, Presses universitaires de France, 2009.
36. Gaston Bachelard, *L'Intuition de l'instant*, Le Livre de Poche, 1994.
37. Palle Yourgrau, *Einstein/Gödel*, *op. cit.*
38. *Ibid.*
39. *Ibid.*
40. Cité par *France-Soir*, rubrique « C'était dans France-Soir », mars 2015.
41. *Ibid.*
42. Albert Einstein, *Pensées intimes*, *op. cit.*
43. *Ibid.*
44. Louis de Broglie, *Recherches d'un demi-siècle*, Albin Michel, 1976.
45. Jeremy Bernstein, *Quantum Profiles*, Princeton University Press, 1991.
46. Cité par Manjit Kumar, *Le Grand Roman de la physique quantique*, Jean-Claude Lattès, 2011.
47. Jorge Luis Borges, *Fictions*, *op. cit.*
48. Albert Einstein, *Pensées intimes*, *op. cit.*
49. Yehudi Menuhin, *La Légende du violon*, Flammarion, 2009.
50. Cité par Banesh Hoffmann, *Albert Einstein créateur et rebelle*, *op. cit.*
51. Albert Einstein, *Pensées intimes*, *op. cit.*
52. Charles Baudelaire, *Le Spleen de Paris*, Gallimard, « Bibliothèque de la Pléiade », 1975.
53. Banesh Hoffmann, *Albert Einstein créateur et rebelle*, *op. cit.*
54. Cité par Patrice Bailhache, *La Musique, une pratique cachée de l'arithmétique ?*, actes du colloque *L'actualité de Leibniz : les deux labyrinthes* (Cerisy, 1995).
55. Note marginale ajoutée par Leibniz sur son exemplaire d'un dialogue précoce (1677), intitulé *Dialogus de connexione inter res et verba* (« Dialogue sur la connexion entre les choses et les mots »).
56. Roland Barthes, *Mythologies*, Seuil, 1957.
57. *Ibid.*
58. Pierre-Jean-Georges Cabanis, *Rapports du physique et du moral de l'homme*, Crapelet, 1805.
59. Albert Einstein, *La Relativité*, *op. cit.*
60. *Ibid.*

Remerciements

Le Violon d'Einstein ne serait peut-être jamais sorti de son étui sans la bienveillante curiosité de monsieur Luc de Brabandere. Son appréciation favorable et ses suggestions avisées ont été pour moi un grand encouragement. Qu'il trouve ici l'expression de toute ma gratitude.

Mes remerciements les plus chaleureux vont également à monsieur Alain Guy, pour son soutien constant, à monsieur Nicolas Witkowski, pour son travail éditorial, ainsi que – *last but not least* – à madame Odile Jacob, à qui je suis infiniment reconnaissant de m'avoir ouvert les portes de sa prestigieuse maison.

Table

LES PORTES DU TEMPS

L'INSAISISSABLE ÉTOFFE DU RÉEL

LA SILENCIEUSE MUSIQUE DES ÉQUATIONS

APPENDICES

p 93 faute grossière!

soit F_g la force de gravité

$-F_f$ la force de friction $= F(v)$

où $v(t)$ est la vitesse de chute

$\Sigma F = ma \rightarrow = F_g - F_f \rightarrow \frac{dv}{dt} = g - \frac{F_v}{M}$

$\therefore$ si F_v/M est large (M petit), $\frac{dv}{dt}$ est petit

donc puisque $v(t) = 0$, v sera petit et

les boules ne peuvent pas arriver en même

temps - Mais où est son bon sens?

Cet ouvrage a été composé
en Electra et en Whitney
par FACOMPO
à Lisieux

N° d'édition : 7381-4573-X – N° d'impression : 809133
Dépôt légal : octobre 2018

Imprimé en France

Achevé d'imprimer en octobre 2018
sur les presses de la Nouvelle Imprimerie Laballery (58)

La Nouvelle Imprimerie Laballery est titulaire de la marque Imprim'Vert®

Imprimé en France